The 쉬운

소방학 서브노트

(핸드북)

전국소방대학연구소(조동훈)

머리말

본서는 "조동훈소방학" 이론서에서 틈새 학습을 위한 **"핵심이론 핸드북"**입니다.

"개론(概論)"이란 전체에 대한 내용을 간략하게 추린 서술을 말한다.
소방학개론은 소방의 모든 과목을 이론적이고 체계적인 틀로서 중요 부분을 조합하는 학문이라 할 수 있다. 우리나라 소방학개론은 소방이 먼저 발달한 미국, 영국, 일본의 내용을 바탕으로 구성하고 있고, 때로는 올바르지 않게 번역이 되어 그 학문이 저자마다 불일치하게 이해가 되는 경우도 있었다. 이에 본서는 학문이 정립되지 못하는 점까지 충분하게 고려하여, 그 기준을 세워 The 쉬운 개념 위주로 집필하였으며 중요한 내용을 단축기억(암기)하는데 비교 기억법인 '연상기억법'과 이미지 기억법인 '영상기억법'을 제시하였다.
또한 그 동안 대학 교재 포함 소방서적을 300번 이상 출간하면서 약 1,000여 권 가까이 필자의 소방 수집서적을 참고하였고 가장 설득력 있는 이론으로 집필하였다.

학습하다가 본서 소방학개론에 관련되어 변경된 소방법령 (① 소방공무원법 ② 재난 및 안전관리 기본법 ③ 화재조사 및 보고규정 ④ 119구조구급에 관한 법률 ⑤ 화재안전기준 등)이나 오타 등을 포함하여 이론에 대한 의문 사항은 아래 필자 메일 및 사이트로 연락을 주십시오.
– 필자 메일: jodh119@hanmail.net -

■ **동영상 홈페이지(조동훈소방사관)**
(※ 동영상 사이트. ☞ jodh.co.kr)
■ **카페 사이트**
– 카페명 : 완소119(완전정복소방학교119)
– 카페주소 : http://cafe.daum.net/goto119

필자 드림

– 실패라고 써놓고 경험이라 읽지 않기를 빕니다. –

차 례

• REFERENCE

☎ 미국 하버드대학교 도서관 "名文 30訓" 중에서~

01. 지금 잠을 자면 꿈을 꾸지만 지금 공부하면 꿈을 이룬다.
    ♪ Sleep now, you will be dreaming, Study now, you will be achieving your dream.
02. 내가 헛되이 보낸 오늘은 어제 죽은 이가 갈망하던 내일이다.
    ♪ Today that you wasted is the tomorrow that a dying person wished to live.
03. 늦었다고 생각했을 때가 가장 빠른 때이다.
    ♪ When you think you are slow, you are faster than ever.
04. 오늘 할 일을 내일로 미루지 마라. ♪ Don't postpone today's work to tomorrow.
05. 공부할 때의 고통은 잠깐이지만 못 배운 고통은 평생이다.
    ♪ The pain of study is only for a moment,but the pain of not having studied is forever.
06. 공부는 시간이 부족한 것이 아니라 노력이 부족한 것이다
    ♪ In study, it's not the lack of time, but lack of effort.
07. 행복은 성적순이 아닐지 몰라도 성공은 성적순이다
    ♪ Happiness is not proportional to the academic achievement, but sucess is.
08. 공부가 인생의 전부는 아니다. 그러나 인생의 전부도 아닌 공부 하나도 정복하지 못한다면 과연 무슨 일을 할 수 있겠는가.
09. 피할 수 없는 고통은 즐겨라 ♪ You might as well enjoy the pain that you can not avoid.
10. 남보다 더 일찍 더 부지런히 노력해야 성공을 맛 볼 수 있다.
    ♪ To taste success, you shall be earlier and more diligent.
11. 성공은 아무나 하는 것이 아니다. 철저한 자기 관리와 노력에서 비롯된다.
12. 시간은 멈추지 않고 간다. ♪ The time never stops.
13. 지금 흘린 침은 내일 흘릴 눈물이 된다.
14. 개같이 공부해서 정승같이 놀자. ♪ Study like a dog and play like a premier.
15. 최고를 추구하라. 최대한 노력하라. 최초에는 최고를 위한 최대의 노력을 위해 기도하라.
16. 미래에 투자하는 사람은 현실에 충실한 사람이다.
    ♪ A person who invest in tomorrow, is the person who is faithful to today.
17. 학벌이 돈이다. ♪ The academic clique is money itself.
18. 오늘 보낸 하루는 내일 다시 돌아오지 않는다. ♪ Today never returns again tomorrow.
19. 지금 이 순간 적들의 책장은 넘어가고 있다.
20. 고통이 없으면 얻는 것도 없다. ♪ No pains No gains.
21. 꿈이 바로 앞에 있는데 당신은 왜 팔을 뻗지 않는가.
22. 눈이 감긴다면, 미래를 향한 눈도 감긴다.
    ♪ If you close your eyes to the present, the eyes for the future close as well.
23. 졸지 말고 자라. ♪ Sleep instead of dozing.
24. 성적은 투자한 시간의 절대량에 비례한다.
25. 가장 위대한 일은 남들이 자고 있을 때 이뤄진다.
26. 지금 헛되이 보내는 이 시간이 시험을 코앞에 둔 시점에서 얼마나 절실하게 느껴지겠는가.
27. 불가능이란 노력하지 않는 자의 변명이다.
28. 노력의 대가는 이유 없이 사라지지 않는다. 오늘 걷지 않으면 내일은 뛰어야 한다.

서 두

소방기초이론 서두용어 알고가기

서두 소방기초이론

1 실전 소방 기본용어

01 소방 기본용어

1. 소방공무원법과 소방관계법규

① 소방공무원법: 소방공무원을 대상으로 만든 법으로서 1978년에 제정·시행되었다.

② 소방관계법규: 국민을 대상으로 만든 법, 국민이 지켜야 할 소방분야에 대한 법이다.

(※ **소방법**: 1958년에 제정되어 시행되다가 법을 세분화하고 명칭을 달리하여 소방기본법 등으로 2003년, 2021년 재 제정과 함께 법령을 매년 개정하고 있다. 이를 소방관계법규라고 칭한다.)

2. 시·도와 시·군·구

① 시: 서울특별시, 부산, 대구, 광주, 인천, 대전, 울산. 세종특별자치시- 8시

② 도: 전남, 전북, 경남, 경북, 충남, 충북, 경기, 강원·제주특별자치도- 9도

* 시·도: 상기 ①②의 8시와 9도를 말함. / * 시·군·구: 일반시(예 성남시, 안양시) ·군·구를 말함

3. 특정직공무원★★

특별법이 우선되는 공무원 예 소방공무원, 법관, 검사, 외무공무원, 경찰공무원 등을 말한다.

(* 소방공무원은 정년퇴임까지 근무할 수 있는 경력직 공무원 중에서 특정직이다.)

4. 징역과 금고의 차이 (* 중요도 낮음)

① 징역: 노동을 하는 감옥살이 (※ 법의 중경: 사형→ 징역→ 금고→ 벌금)

② 금고: 노동을 하지 않는 감옥살이 (* 금고 이상이란 금고, 징역, 사형을 말한다.)

5. 소방본부장 〉 국장 〉 과장 〉 소방서장 〉 계장(팀장)

① 청장님: 소방총감(❀❀❀❀)
② 부장님: 소방본부장- 소방준감(❀), 소방감(❀❀), 소방정감(❀❀❀)
③ 국장님: 소방정책국장, 119구조구급국장- 소방감(❀❀)
④ 과장님: 소방준감(❀), 소방정(❋❋❋❋), 소방령(❋❋❋), 소방경(❋❋)
⑤ 서장님: 소방서장- 소방정(❋❋❋❋)
⑥ 계장님: 팀장, 센터장, 구조대장- 소방위(❋), 소방경(❋❋)

※ 소방서는 "시·도 소속"이지만 "시·군·구" 단위로 설치한다.(* 신고 접수 후 현장 출동의 신속함을 위해)

소방공무원의 계급

• 국가소방공무원 (11단계)	소방총감, 소방정감, 소방감, 소방준감, 소방정, 소방령, 소방경, 소방위, 소방장, 소방교, 소방사.

▸ **암기**: 사,교,장, 위,경,령,정, 준감,감,정감,총감(* **연상**: 사교장에 갔더니 아프던 위경련이 正(바르게)됐다)

6. 중앙119구조본부와 119구조대

① 중앙119구조본부: 소방청 소속이며 중앙119구조본부장의 계급은 소방감(❀❀)이다.
② 119구조대: 소방서에 설치된 기관이며 119구조대장의 계급은 소방위(❋) 혹은 소방경(❋❋)이다. (※ 참고: 119구조구급 국장의 계급은 소방감이다. ❀❀)

7. 강등과 강임

① 강등(降等): 중징계의 하나로 하위계급에 임명되고 3개월간 직무가 정지(정직)된다.
(※ 즉, 사고를 일으켜서 계급이 낮춰지고 3개월간 업무가 정지되는 것이다.)
② 강임(降任): 동종의 직무 내에서 하위의 직위에 임명하는 것(징계가 아님).
(※ 즉, 자리가 없어지거나 조직이 축소되면 자기 의사에 의해서 하위계급으로 임용.)
(예 3급 공무원인데 조직이 축소되어 자리가 없어지면 4급으로의 임용을 스스로 청하는 것.)

8. 인가, 허가(인·허가) 및 등록 (* 중요도 낮음)

① 인가(認可): 제3자의 행위를 보충하여 법률상 효력을 부여하는 일.
(예 안전원이나 기술원 등, "소방청" 소속으로 필히 있어야 할 것을 차릴테니까 인정을 해달라는 뜻.)
② 허가(許可): 조건을 갖추었을 경우에 어떤 일을 법적으로 허락해 주는 행위. (예 소방시설공사업 등, 없는 회사를 또 다른 이름으로 제가 차릴테니까 "시·도" 에서 허락을 해달라는 뜻.)
(※ 소방에서는 주로 소방청에서 인가를 해주고 있으며, 허가는 "시·도"에서 해주고 있다.)
③ 등록(登錄): 허가 등을 받기위해 시·도 등 행정기관에 서류 등을 올리는 것을 말한다.

02 재난 구성과 용어

1. 재난이론의 구성★★

※ 재난 및 안전관리기본법의 구성

예방 · 완화 (평상시) → 대비 · 계획 (징후) → 재난발생 → 대응 (직후) → 복구 (활동)

** 대통령: "특별재난" 선포하는 것 1가지 일을 한다.

1. 중앙(안전관리)위원회: 국무총리
* 재난 혹은 특별재난 등을 심의(심사, 토의)를 한다.

↓

2. 중앙(재난안전)대책본부: 행정안전부장관
* 재난 시, 대응·복구(수습) 등 총괄 조정을 한다.

↓

3. 긴급구조통제단: 3사람
(* 사건이 일어났을 때 지휘하며 현장에서 통제를 한다.)
㉠ 중앙긴급구조통제단- 소방청장 1사람
㉡ 지역긴급구조통제단-
- ■ 시·도: 소방본부장
- ■ 시·군·구: 소방서장

– 직위단계: 대통령〉 국무총리〉 장관〉 차관〉 차장〉 시도지사〉 시군구청장〉 소방본부장〉 소방서장 –

※ 재난사태선포

① 재난사태심의: 중앙위원회 → ② 재난선포권자: 행정안전부장관 → ③ 특별재난 선포권자: (중앙대책본부장 선포건의) 대통령이 선포

재난이론

1. 자연재난과 사회재난★

① 자연재난: 황사, 해일, 태풍, 풍랑, 홍수, 대설, 낙뢰, 지진, 가뭄, 조류대발생, 조수, 강풍, 호우, 화산활동, 한파, 폭염, 소행성·유성체 등 자연우주물체의 추락·충돌 등
▶ 황해태풍 홍대 낙지가 조조강 호화 한폭 우주(▶ 황해태풍 홍대 낙지가 조조강을 건너 호화스런 우주로..)

② 사회재난: ㉠ 화재, 붕괴, 폭발 및 교통(항공·해상)사고, 화생방사고, 환경오염사고 등으로 대통령령으로 정하는 피해 / ㉡ 국가핵심기반마비(에너지·교통수송, 정보통신, 보건의료 등) 감염병, 가축전염병확산. ▶ **암기**: 화붕폭 5사고 + 국(에교정보)감전

2. 중앙위원회 중앙대책본부, 긴급구조통제단★★★

① 중앙(안전관리)위원장: 국무총리(* 재난 혹은 특별재난 등을 심의를 하는 기관)
② 중앙(재난안전)대책본부장: 행정안전부장관(* 재난 시, 대응·복구 등 총괄 조정하는 기관)
③ 긴급구조통제단: 3사람 (* 대응단계에서 사건이 일어났을 때 지휘하며 현장에서 통제를 한다.)
 ㉠ 중앙긴급구조통제단- 소방청장(소방총감) 1사람
 ㉡ 지역긴급구조통제단- 시·도: 소방본부장 / 시·군·구: 소방서장

3. 재난과 특별재난(* 재난의 형태는 2가지로 분류함)★★★

① 재난: 행정안전부장관이 선포한다.(* 중앙위원회 심의를 거쳐..)
② 특별재난: 대통령이 선포한다.(* 중앙위원회 심의를 거쳐 중앙대책본부장의 선포건의로..)

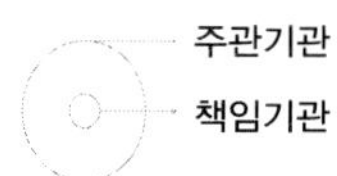

4. 재난관리책임기관과 재난관리주관기관

① 재난관리주관기관(수습본부): 유형별로 예방·대비·대응 및 복구 등의 업무를 주관하여 수습하기 위한 관계 중앙행정기관을 말한다. 즉, 각 부처라고 생각하면 쉽다.(소방청, 외교부, 보건복지부, 교육부, 법무부, 국방부 등을 말함) (※ 재난관리주관기관의 장 = 수습본부장)
② 재난관리책임기관: 재난관리 대상이 되는 중요시설의 관리기관 등으로서 중앙행정기관, 지방자치단체, 지방행정기관·공공기관·공공단체. 예 재난관리책임기관: 도시철도, 마사회.

5. 재난관리와 안전관리★

① 재난관리: 재난의 예방, 대비, 대응 및 복구를 위한 모든 활동을 말한다.
② 안전관리: 재난, 각종 사고로부터 사람의 생명·신체·재산의 안전확보를 위한 모든 활동.

03 소방공학 기본용어

화재이론

1. 인화점, 연소점, 발화점의 차이★★

① 인화점: 인화물질을 사용하여 가연물에 순간발화가 가능한 최저온도.(불이 꺼질 수 있다.)

② 연소점: 인화점 이후 점화원을 제거해도 불이 꺼지지 않고 연소상황을 가지는 최저온도.

③ 발화점: 가연물이 외부 점화원 없어도 자연발화될 수 있는 최저온도. (*발열 〉 방열)

※ 온도의 크기 순: • 인 화 점 〈 • 연 소 점 〈 • 발 화 점 ▸ 암기: 인연발
10℃ 차이 수백도 차이

2. 심부화재와 표면화재의 차이★★

① 심부화재: 가연물 내부(심부, 중심부)와 함께 외부에서 연소하는 화재를 말한다.(* 고체)
예 목재 또는 섬유류와 같은 고체 가연물에서 발생하는 주로 A급 화재형태이다.

② 표면화재: 가연성 물질의 표면(외부)에서 연소하는 화재. 예 유류·가스화재.(* 액·기체)
(※ 비교→ 표면연소: 숯처럼 분해하지 않는 표면에서만 연소하는 불씨연소)
(예 이산화탄소(CO_2) 소화약제는 심부화재와 표면화재에 효과가 있다.)

3. 롤오버와 플래시오버의 차이(일반화재 중에서)★

① 롤오버: 화재 초기에 발생된 가연성 가스가 천장 부근에 모여 있다가 화재 중기에 이르면 실내 공기압의 차이로 천장을 롤롤~ 구르며 화재가 발생하지 않은 쪽으로 빠른 이동현상. (* 실내 천장쪽 압력이 복도나 실외쪽 보다 압력이 높으니까..)

② 플래시오버: 천장으로 반사되는 열에 의해 실내 바닥의 가연물이 더 뜨겁게 분해되면서 발생된 가스가 전체 실내(전실)로 연소가 확대된 화재.(* 폭발 아님!)
(* 원인: 복사열 / 결과: 분해가스 확대)

구 분	↝ 롤오버(Roll over)	↷ 플래시오버(F/O)
복사열	플래시오버에 비해 약하다.	복사열이 강하다.
확산매개	상부의 초고온 증기(가연성 가스)의 발화.	열이 천장에 반사되어 가연물이 분해.
실내현상	가스가 천장을 구르며 복도로 빠져나감	분해된 가스가 갑자기 전체 실내로 확대.

4. 보일오버, 슬롭오버, 푸로스오버, 오일오버(유류화재 중에서)★★★

(* 유류탱크 이상현상 4가지)

① 보일오버 현상(Boil-over):

㉠ 기름탱크에 불이 났는데 탱크바닥에 물이 있게 되면 그 물이 먼저 끓어(Boil) 기름을 탱크 밖으로 넘치게(over)하는 현상이다.

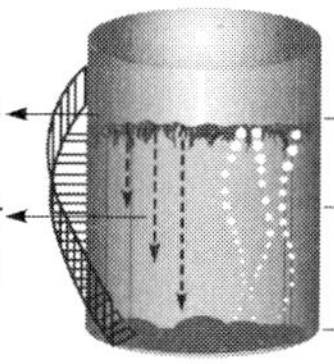

Boil over

㉡ 바닥에 찌꺼기와 함께 물이 있는 100만L 기름탱크의 기름 위에 불이 붙었는데, 기름 위의 열이 장시간동안 바닥으로 전달되어 바닥에 물이 기름보다 먼저 끓어(Boil)서 기름을 탱크 밖으로 넘치게(over)하는 현상이다.

② 슬롭오버 현상(슬로프오버, Slop-over):

㉠ 유류 탱크 내 뜨거운 유면에 물 등이 유입되면 유류표면(유면)에서 유류가 튀는(Slop) 현상이다.

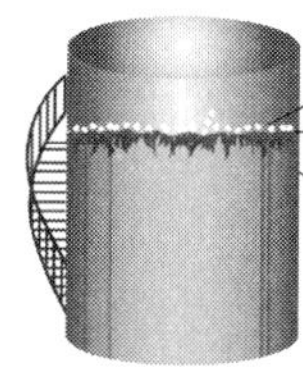

Slop over

㉡ 유류 액표면이 물보다 뜨거운 100℃ 이상의 고열이 있는 상태에서 물이 주성분인 물분무나 포를 방사하면 물과 기름이 섞이지 않고, 끓는 기름온도에 의하여 물이 표면에서 튀면서(Slop) 수증기화되어, 갑작스러운 부피 팽창으로 유류가 탱크 밖으로 비산·분출(over)되는 현상이다.

㉢ 식용유가 끓고 있는데 밀가루 반죽을 묻힌 고추나 고구마를 넣으니 튀는 현상이다.

③ 푸로스오버 현상(후로스오버, Froth-over):

㉠ 물이 끓고 있는데 기름이 섞이니까 거품을 일으키면서 넘치는 현상이다.

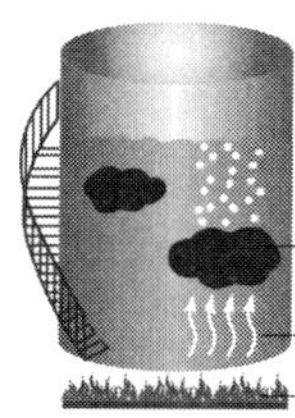

Froth over(탱크 내 화재 아님)

㉡ 물과 기름이 함께 있을 때 뜨거운 열에 의해 넘치는 현상으로 탱크 속은 불이 붙지 않는다.

㉢ 탱크에서 열에 의해 기름만 끓지 않고 기름과 물이 약간 혼합된 상태에서 함께 끓는다.

㉣ 푸로스오버는 물질이 넘쳐 흐르는(over flow) 단순한 물리적 작용으로 대부분 물이 든 탱크에 점성이 큰 아스팔트 등을 넣을 때 발생하며 "화재를 수반하지 않는다."
- (* 탱크 내에 화염을 동반하지 않는 특성이 중요하다) -

④ 오일오버 현상(Oil over):

㉠ 뚜껑이 있는 상태의 유류탱크에서 뜨거운 열로 인한 유류탱크 폭발현상이다.

㉡ 탱크 내의 유류가 50% 이하 저장된 경우 화재 등 외부의 뜨거운 열로 인하여, 내부 압력상승으로 인한 탱크 파열현상이다. (* 이 현상은 유류화재 이상현상 중 가장 격렬하다.)

■ 유류탱크 이상현상에서 격렬함의 비교: 오일오버 〉 보일오버 〉 슬롭오버 및 푸로스오버

5. 링파이어, 풀파이어, 제트파이어, 플래시파이어의 차이*

(* 유류 및 가스화재 이상현상)

① 링파이어(Ring fire): 유류 이상현상

㉠ 유류탱크 화재 시 포를 방출하였을 때 포가 탱크 안쪽 벽에 부딪쳐서 포가 깨지고 그 부분 불길이 남아 있는 현상.

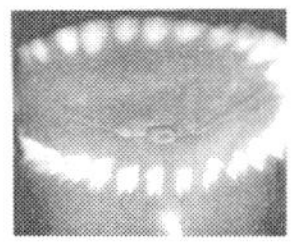

【링파이어】

㉡ 유류탱크 화재 시 유류표면에 물분무나 포를 방사하면, 포 등이 탱크 양쪽 뜨거운 벽면에 부딪치면서 탱크 벽면측은 포가 소멸된다. 이는 곧 탱크 둥근벽쪽으로 산소차단이 되지 못하여 불길(fire)이 귀고리(Ring)처럼 둥그렇게 남아있는 상태이다.

② 풀파이어(Pool fire): 유류 이상현상

㉠ 탱크 내 기름 혹은 흘러서 웅덩이에 고인 기름이 태양열 등으로 인하여 불이 붙는 화재

㉡ 가연성 액체 또는 인화성 액체가 저장탱크 등에서 일정한 액면이 대기 중에 노출되어 열에 의해 불이 붙는 액면화재를 말한다. (* Pool: 웅덩이, 작은 못)

③ 제트파이어(jet fire): 가스 누설현상

㉠ LPG 배관 등이 오래되어 구멍이 나고 그 구멍으로 가스가 고압 분출되어 불이 붙는 현상

㉡ 탄화수소 계통의 가스가 고압의 LPG 누출 시 주위의 점화원에 의해 불기둥을 형성하는 것.

㉢ 탄화수소계 위험물의 이송배관이나 용기로부터 위험물이 고속으로 누출될 때 점화되어 발생하는 난류 확산형 화재

④ 플래시파이어(Flash fire): 가스 누설현상

㉠ LPG 등 누출 시 점화원에 의해 화재가 발생된 현상. 제트파이어보다 강도가 약하다.
(※ '플래시오버'는 실내화재이나, '플래시파이어'는 가스화재의 이론이다.)

- 참고 -

제4류 위험물 중질유에서 발생하는 보일오버와 슬롭오버***

구 분	보일오버	슬롭오버
탱크바닥	탱크 바닥에 물이 존재	탱크 바닥에 물이 존재하지 않음
화재발생	액면(표면)에 화재가 발생	화재발생 요인이 아닐 수 있다
발생지점	기름이 끓기 전 바닥에 물이 먼저 끓음	물이 투입되어 튀는 100℃ 이상 표면의 고열
공통점	다성분 중질유의 유류현상으로 표면에 열류층과 함께 에멜션 현상의 거품이 형성된다.	

■ •보일(Boil): 끓다 •슬롭(Slop): 튀기다 •푸로스(froth): 거품, 엎지름 •링(Ring): 고리

6. 현열과 잠열의 차이★★

① 현열: 상태를 따지지 않고 온도만 따지는 열.
즉, 물질에 열이 가해졌을 때 상(相)의 변화가 없이 보유하고 있는 열량. 감열.

② 잠열(潛熱 Latent Heat): 온도를 따지지 않고 상태(고·액·기체)만 따지는 열.
즉, 열의 출입이 기화나 액화처럼 상(相, 상태)이 변하면서 열을 흡수(액체→ 기체) 또는 방출(기체→ 액체)하는 열로서 온도를 수반하지 않기 때문에 숨은열이라고도 한다.
(• 얼음→ 물: 잠열= 80kcal/kg / • 물→ 수증기: 잠열= 539 kcal/kg)

7. 아황산가스(이산화황)와 황화수소 및 이황화탄소의 차이★

① 아황산가스(이산화황의 기체) → $S+O_2= SO_2$
털, 고무, 나무, 가죽소파 등 황(S)이 함유된 물질(예 이황화탄소)이 완전연소 할 때 미량 발생되는 무색가스로 눈(점막), 호흡기 계통에 자극을 주며 산성비의 원인이다. [5ppm]

② 황화수소(H_2S): 털, 고무, 나무, 가죽소파 등 황(S)이 함유된 물질의 불완전연소 시 발생하는 무색가스로 달걀 썩는 냄새가 난다. [10ppm] ▶ 황달심불
▶ **암기**: 에이치 에이치스 (* **연상**: 달걀썩는 냄새로 인해 황화수소는 "에이치 에이치" (H_2)기침이 난다)

③ 이황화탄소(CS_2): 제4류 위험물 중 특수인화물에 속함.(* 최소점화에너지: 0.019mj)

8. LNG와 LPG 및 도시가스의 차이★★

① LNG: 지하 가스암층의 가스유전과 원유에 나오는 가스인 주로 메탄을 압축, 액화시킨 것.
② LPG: 원유에 함유된 가스 중 탄화수소가스를 압축, 액화시킨 가스이다.
③ 도시가스: LNG에 부속물을 첨가한 가스관을 부설하여 연료용으로 공급되는 가스이다.

구 분	주성분(약 90%)	비중(공기)	가스누설경보기
LNG(액화천연가스)	메탄(CH_4, 메테인)	공기보다 2배 가볍다.	천장에서 30cm
LPG(액화석유가스)	프로판(C3H_8), 부탄(C_4H10)	공기보다 1.5~2배 무겁다.	바닥에서 30cm

(*^^ 알파벳 순서로 N자보다 P자가 늦게 오니 LNG보다 LPG가 무겁다고 생각하면 쉽다.)

9. 연료지배형 화재와 환기지배형화재의 차이★

① 연료지배형 화재(환기양호): 환기가 양호한 상태에서 연료를 구분한다. 예 목재구조
② 환기지배형 화재(환기불량): 환기가 잘되고 안되고가 아니고, 잘 되지 않는 것만의 이론.
예 내화(철근콘크리트)구조, 지하층, 무창층 등(* 연료지배형 → 플래시오버 → 환기지배형)
(※ 연료지배형화재는 환기정상 / 환기지배화재는 환기비정상으로 적용해서 문제를 푼다.)

10. 내화조와 목조의 차이★

① 내화조(내화구조): 철근콘크리트조, 연와조, 그 밖에(석조 등) 이와 유사한 구조로서 내화성능을 가진 것을 말한다. 예 학교, 학원, 빌딩.

② 목조(목재구조): 예 한옥건물. 민속촌.

건축물의 상대적 비교 특성

구분 / 종류	최고온도	진행시간	특징
목재구조	1100~1300℃	30~40분	고온 단기형
내화구조	900~1100℃	2~3시간	저온 장기형

■ 특징 중 내화구조건축물은 목조건축물에 비교해서는 (200℃ 낮은) "저온 장기형"에 해당됨.

11. 도체와 부도체의 차이 (* 중요도 낮음)

① 도체(전도체): 전기가 통하는 물체. 예 구리선, 철사.

② 부도체(불량도체): 전기가 안 통하는 물체. 예 빨랫줄, 낚시줄

12. 정전기와 피뢰, 낙뢰, 벼락의 차이 (* 중요도 낮음)

① 정전기: 정지된 전기(* 사람의 몸에도, 공기 중에도, 지구에도 정전기는 존재한다.)

② 피뢰(避雷): 낙뢰(벼락)를 피한다는 뜻(* 정전기와 피뢰는 별개의 뜻이다.)

13. 그 외 (* 중요도 낮음)

- 에멀션(유화): 물과 기름이 섞이지 않는 상태의 뜻. (* 즉, 비수용성의 개념이다.)
- 접지(earth): 흐르는 전기를 땅하고 접해서 도체를 이용하여 지구(땅)으로 흘려보냄.
- 누전: 전기가 누설됨(흘러나감) / • 보통화재: 일반화재(A급화재)
- 금속분(금속가루)화재: 철분, 마그네슘, 아연, 알루미늄, 칼륨, 나트륨, 알킬알루미늄과, 알킬리튬, 알칼리금속류(세슘, 리튬 등)를 말한다.
- LNG(액화천연가스): 공기보다 2배 가벼움 / • LPG(액화석유가스): 공기 1.5~2배 무거움
- 훈소연소: 훈소(* 화재초기 훈훈한 불씨연소)
- 화재하중(Fire Load, 화재규모): 불이 나면 도대체 그 규모가 얼마나 클까? 의 개념
- 화재강도: 단위시간당 축적되는 열의 값.(* 화재가 얼마나 강하느냐? 의 개념)
- 화재가혹도(화재심도): 최성기 때의 개념.(* 최고온도 x 지속시간 = 화재가혹도)

연소이론

1. CO와 CO_2의 차이★★

① 일산화탄소(CO):

가연물이 처음에 불완전연소할 때 발생하고 공기보다 가벼운 무색, 무취, 무미의 유독성 기체이며 연소가 가능한 가연성 가스이다. 화재 시 생성된 CO를 흡입하면 피 속의 헤모글로빈(Hb)과 결합해서 산소운반을 방해하여 사람을 질식사 시킨다. 일산화탄소는 헤모글로빈과 결합력이 산소보다 (약 200배) 강하다. / 허용농도: [50ppm]

② 이산화탄소(CO_2):

가연물이 완전연소 시 발생하고 공기보다 약 1.5배 무거우며 무색, 무취이다. 연소가스 중 화재 시 가장 많은 양을 발생하며 자체는 독성이 거의 없으나 다량의 이산화탄소를 흡입하면 호흡속도가 빨라지며 질식 사망한다. / 성인 남자가 1일 8시간(5일간) 기준 근무해도 인체에 해를 느끼지 않는 허용농도: [5,000ppm]

> ■ **이산화탄소**
>
> 화학식은 CO_2이며 기체를 탄산가스, 액체를 액화탄산가스, 고체를 드라이아이스라 한다.
> CO_2는 공기 중에도 존재하며 저가로서 소화제, 청량음료, 냉동제 등을 만드는데 쓰인다.
> •소화효과: 이산화탄소(1을 기준) < 분말(2배) < 할론 1301(3배)

2. 활성화 에너지와 화학적 활성도의 차이★ (* 반대 개념)

① 활성화에너지: 처음 연소할 때 필요한 점화에너지.(* 에너지, 원동력) (* 예 불씨)

② 화학적활성도: 산소가 많아 연소가 잘 된다는 뜻.(활활!)

3. 활성화에너지와 열전도도의 차이★★★ (* 같은 개념)

① 활성화에너지: 처음 연소할 때 필요한 열에너지

② 열전도도(열전도율): 열이 어떤 물질 내부에 흘러가는 정도

(※ 열전도도가 작을 것: 열이 물질 내부에 늦게 흘러갈수록 모여서 뺏기지 않으니 불이 잘 탄다)

> ■ **가연물(연소)의 구비조건**
>
> ① 활성화에너지가 작을 것: 작은 불씨로 연소가 가능할 때 그 물질은 더 위험하다.
> ② 화학적활성도가 클 것: 산소가 많아야 불이 잘 탄다.
> ③ 열전도도가 작을 것: 열전도율이 작아야, 즉 내부열의 축적이 많아야 뜨거워서 잘 탄다.

4. 불꽃연소와 작열연소의 차이★★ (* 반대 개념)

① 불꽃연소: 불꽃이 있는 연소(발염연소, 유염연소, 자유연소)(* 불꽃, 화염)

② 작열연소: 불꽃이 없고 불씨만 있는 연소(무염연소)

■ 액체 및 기체: 불꽃연소를 한다. / 고체: 불꽃연소를 할 수 있고 불씨연소도 할 수 있다.

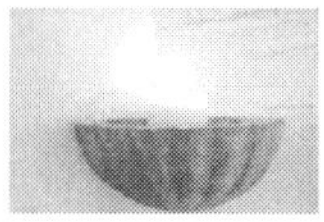

5. The 쉬운 용어:

- 기체의 비중: 가장 흔한 공기하고 비교한 중량이다. (* 공기의 무게는 29이다.)
- 액체·고체의 비중: 물하고 비교한 중량(* 물이 가장 흔하며 물은 4℃가 가장 무겁다.)
  (※"비중이 1보다 크다" 라는 뜻은, 기체는 공기보다, 액·고체는 물보다 무겁다는 뜻이다.)
- 비열: (比熱 Specific heat):
  ① 물질 1g을 1℃ 올리는 데 필요한 열량과의 비.(예 물: 1, 공기: 0.24, CO_2: 0.2)
  ② 물하고 비교한 열: (물이 타 물질보다 일반적으로 가장 빨리 끓으니까 물의 비열을 1로 함)
- 착화점: 발화점, 자연발화점

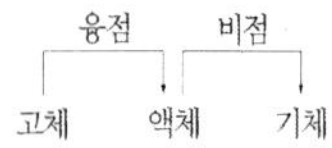

- 착화원: 점화원, 점화에너지, 활성화에너지(* 불씨의 개념)
- 비활성기체: 불활성기체(* 공기 중에 들어 있는 원소 즉, 18족 원소 등)
- 비표면적(비교한 표면적), 표면적(* 표면적이 넓을수록 공기와 접촉이 많으니 연소가 빠르다.)
- 팽창질석, 팽창진주암: 모래보다 가벼운 고체 소화약제(* 소화효과는 모래보다 조금 떨어짐)
- 수용성: 물에 용해됨(* 반대말: 비수용성)
- 가솔린: 휘발유, 휘발성(증발성)이 빠른 유류라는 뜻. (* 벙커C유: 중유)
- 폭발범위: 연소범위 (예 메탄: 5～15%, 프로판: 2.1～9.5%, 부탄: 1.8～8.4%)
- 연돌효과: 굴뚝효과(굴뚝과 같은 효과)- 바람이 하부로 유입되어 수직으로 상승하는 효과.
- 감광계수: 빛이 감소되는 계수(연기농도와 같은 개념. 즉, 연기가 많아지니까 빛이 감소됨)
- 밀도 증가: 분자간의 간격이 가까움. 빽빽함. (*밀도: 밀집된 정도 / 밀도감소: 느슨함)
- 증기밀도: 증기의 빽빽함. 증기 무게. 예 CO_2 비중 = 44(CO_2 무게)/29(공기 무게) = 약 1.5
- 강제제연: 기계제연 / • 목탄: 숯 / • 맹화: 최성기
- 분자: 원자가 모여서 어떤 성질을 나타내는 물질을 구성함(* 원자: 물질의 가장 작은 입자)
- 지연성 가스: 조연성 가스- 산소, 불소, 염소 등 연소를 지원 혹은 보조 해주는 가스
- 절연저항 증가: 전류흐름을 막을 수 있는 저항을 증가(전기가 안 흘러서 화재 안 일어남)
- 유염연소: 불꽃·발염·화염·자유연소, "표면화재" 등 같은 개념 다른 단어가 있다.
- 무염연소: 불씨·작열·응축상태연소, "표면연소" 등 같은 개념 다른 단어들이 있다.
- 표면화재: 겉불을 제거해도 속불은 타들어 가는 화재, 예 일반화재의 나무, 종이 등
- 표면연소: 숯처럼 불씨연소하면서 표면에서만 타는 화재 예 숯, 코크스, 금속가루

폭발·소화이론

1. 폭발의 분류★★

① 화학적 폭발: 화염 등을 접촉하여 물질의 성질이 변하는 폭발.(* 기상폭발과 유사)
  예 분해폭발, 산화(분진, 분무, 가스), 중합, 증기운폭발

② 물리적 폭발: 화염 등을 접촉하지 않고 물질의 상태(고·액·기체)가 변하거나 온도, 압력 등의 조건이 변하는 폭발로서 즉 물질의 성질이 변하지 않음.(* 응상폭발 유사)
  예 증기폭발, 수증기폭발, 폭발적증발, 혼합 위험물(제1류~6류)에 의한 폭발

③ 기상 폭발: ㉠ 분해폭발: 분해가스 열팽창 폭발 ㉡ 분진폭발: 부유된 티끌이 폭발
㉢ 분무폭발: 기름이 안개되어 폭발 ㉣ 가스폭발: 일반적인 가스폭발

④ 응상 폭발: ㉠ 폭발성 화합물의 폭발 ㉡ 혼합 위험물에 의한 폭발
㉢ 증기폭발(보일러·수증기·전선·극저온 액화가스 증기폭발)이 있다.

2. 주 소화(4대소화)★★

① 질식: 산소 차단(* 질식소화: 일반적으로 산소 농도를 15% 이하로)
② 냉각: 열을 흡수(* 냉각소화: 물 등의 소화제로 열을 흡수, 연소상태를 발화점 이하로)
③ 부촉매: 억제(* 부촉매소화: 유리기를 흡착하여 연쇄반응을 차단, 연소상태를 저지)
④ 제거: 가연물을 차단(격리, 파괴, 이동, 소멸, 용량의 감소)시키는 것이다.

화재(급수)	일반(A급)	유류(B)	전기(C)	금속(D)	가스(E)	주방(K급)
주소화	냉각	질식	질식(제거)	질식	제거	질식(냉각)

(*^^ 가스와 유류는 전기가 통하지 않는다. 예로서 CO_2는 주로 전기실 화재에 사용되고 있다.)

3. 물 소화약제의 주수형태와 소화★

• 봉상(막대)주수	① 옥내·옥외소화전에 사용된다. ② 주소화는 냉각, / 부차적은 희석, 질식, 유화, 타격, 파괴.
• 적상(우상)주수	① 봉상보다 물 절약.(*^^ 스프링클러·연결살수·연소방지에 사용.) ② 주소화는 냉각, / 부차적 소화는 질식, 유화, 희석, 타격 등.
• 무상(분무)주수	① 물분무 소화설비에 사용된다.(*^^ 물방울 지름: 0.1~1mm.) ② 공기 및 전기가 통하지 않아서 A·B·C급 등 화재에 사용. ③ 봉상, 적상보다 표면적이 커서 질식소화 및 냉각소화가 더 좋다. ④ 주소화는 질식, / 부차적 소화는 냉각, 유화, 희석, 복사열 차단.

•Tip: 봉·적·무상은 물리적소화로서, 화학적소화인 유리기를 억제하는 억제효과는 없다.

04 공학론 외 기본용어

화재조사

(* 중요도 낮음)

1. 실화와 방화의 차이

① 실화(失火): 과실(過失)에 의하여 화재를 발생시키고 물질을 훼손시키는 것.

② 방화(放火): 고의로 불을 지르거나 그로 인한 것이라고 의심되는 화재.

(*^^ 소방안전관리자가 불이 난 것을 보았으나 소실되도록 방치했다면 방화로 본다.)

2. 조사와 수사의 차이

① 조사: 소방이 하는 화재원인조사 및 화재피해조사, 소방특별조사 등

② 수사: 경찰이 하는 피의자 체포권, 증거물 압수권 등

- 고속국도: 고속도로(* 소방학에서는 고속국도를 고속도로로 생각하도록 한다)
- 요구조자: 구조를 요구하는 사람, 구조대상자
- 선착대: 먼저 도착한 소방대로서 인명구조, 화점발견, 소방용수점령 등
- 후착대: 나중에 도착한 소방대로서 인명구조, 수손방지, 급수중계, 비화(飛火)경계 등 중요임무의 수행을 지원한다. (*^^ '인명구조'는 선착대와 후착대의 동시 선행 임무이다)

【관창】

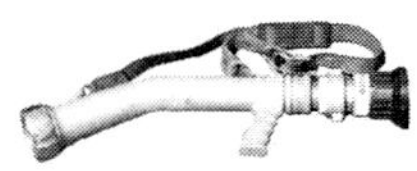

【무반동관창】

【초순간진화기】

【러시아 각종 소방차】

구조구급

(* 중요도 낮음)

1. 인공호흡과 심폐소생의 차이점

① 인공호흡: 맥박은 뛰고 호흡이 없는 즉, 폐가 정지된 사람에게만 실시한다.(약 10회/분)
② 심폐소생: 맥박이 안 뛰는 사람에게 실시.(맥박이 안뛰면 심장도 멎고 호흡도 없다.) 그러면 즉시 심장쪽 흉부를 압박(30회)하고 기도유지 후 폐에 호흡(2회)을 불어준다.

2. 공기호흡기와 산소호흡기 차이

① 공기호흡기: 인명구조기구 중 하나로 소방활동 시 필요한 보호장비.(약 40분 사용)
② 산소호흡기: 소방활동 시 필요한 보호장비로서 산소가 들어있다. 소방대원들은 공기가 필요하여 공기호흡기를 사용하며 환자에게는 산소호흡기를 사용한다.(약 4시간 사용)

3. 인공호흡기와 인공소생기 차이

① 인공호흡기: 환자의 호흡을 유지시키기 위한 고가의 큰 의료기계.(1급 응급구조사 사용가능)
② 인공소생기: 호흡부전상태인 사람에 대하여 인공호흡을 시켜 환자를 보호하거나 구급하는 기구이다.(*^^ 휴대용 가방속에 작은 산소통과 산소마스크가 들어 있다.)

4. 공기호흡기와 공기안전매트의 차이

- 공기호흡기: 구조대원이 소유할 수 있는 것이 인명구조기구이다.
- 공기안전매트: 피난자가 활용할 수 있는 피난기구이다. 에어매트.

- 지연환자: 사망환자.(* 색상: 흑색, / * 심볼: 십자가 심볼)
- 인명구조기구: 구조대원이 방열(화)복을 입고, 공기호흡기 메고, 인공소생기 들고 불 속으로..

【방열복】

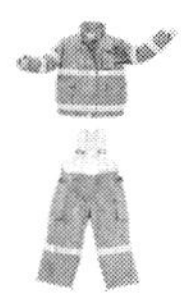

【방화복】

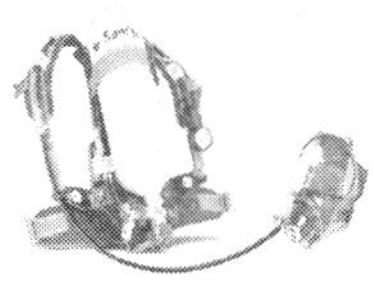

【공기호흡기】

【인공소생기】

시설이론 (* 중요도 낮음)

1. 바닥면적과 연면적의 차이

① 바닥면적: 건축물의 각 층의 수평투영면적을 말한다.(예 한 층의 가로×세로 면적)

② 연면적(延面積): 하나의 건축물 각 층의 모든 바닥면적의 총 합계를 말한다.

2. 내화구조와 방화구조의 차이

① 내화(耐火)구조: 연와조, 철근콘크리트조 기타(예 석조). / 두께가 주로 10cm이다.

② 방화(防火)구조: 화염의 확산을 막을 수 있는 성능을 가진 칸막이 구조. / 2cm 혹은 2.5cm이다. ▶ 암기: 내방구조

3. 불연재료, 준불연재료, 난연재료의 차이

① 불연재료: 콘크리트·석재·벽돌·기와·철강·알루미늄·모르타르·회, 유리 등 불에 타지 않는 것. 시험결과 난연 1급에 해당되는 것.

② 준불연재료: 불연재료에 준하는 성질로 시험결과 난연 2급에 해당되는 것.

③ 난연재료: 난연플라스틱 등 불에 잘 타지 않는 것. 시험결과 난연 3급에 해당하는 것.

▶ 암기: 불난재료

그 외 방염재료, 가연재료 등이 있다.

4. 보행거리와 수평거리의 차이

① 보행거리: 꺾어서 걸어가면서도 직선으로 잴 수 있는 거리(예 소화기, 유도등, 유도표지 등)

② 수평거리: 꺾이지 않으며 수평으로 잰 거리(예 옥내소화전, 옥외소화전 등)

5. 옥내소화전, 옥외소화전의 차이

① 옥내소화전: 소방대원 도착 전에 관계인이 사용하는 설비로서 주로 4층 이상에 설치.

② 옥외소화전: 큰 건물에는 옥내소화전 외 옥외소화전도 설치함 (* 물은 옥내 지하에 있음)

----*

- 송수구: 외벽에서 물을 보내는 구멍
  (* 방수구: 송수구에서 연결되어 복도 등에서 물이 방수되어 나오는 구멍)
- 거실: 거주·집무·작업·집회·오락, 기타(방) 이와 유사한 목적을 위해 거처하는 실.

6. 스프링클러, 간이스프링클러, 드렌처의 차이

① 스프링클러: 실내의 천장·벽 등에 헤드 및 화재감지기(열·연기감지기 등)를 설치하고, 화재를 감지하는 즉시 수신기 등에서 화재를 경보하고 지하 수원(물)의 송수펌프를 기동시켜 배관 내 가압되어 있던 물이 헤드로부터 적상주수되는 고정식 초기의 자동식 소화설비이다. (즉, 사람이 없는 야간이라도 자동으로 화재를 감지·경보·소화하는 간편하고 안전한 설비이다. 면적이 넓은 지하상가나 높은 건축물 등에 사용된다.)

② 간이스프링클러: 호프집, 단란주점 등 주로 수도와 연결 설치된 간단한 설비이다.

③ 드렌처설비: 인접건물의 화재연소를 방어하기 위해 해당 건축물에 물을 살수, 수막을 형성하여 연소를 방지하는 목적임. 즉, 불이 난 옆 건물에서 불똥이 비화되는 현상들을 방어하는 예방·소화설비로서 자기 건축물 외벽에 살수가 된다.
(*^^ 드렌처설비는 스프링클러의 종류가 아니다.)

7. 방수량과 저수량의 차이

① 방수량: 1분동안 방출하는 물의 양. 예 옥내소화전: 분당 130ℓ/min 이상(1개당)

② 저수량: 20분동안 사용할 수 있는 물을 저장하는 양. 예 옥내소화전: 가장 많은 층의 설치개수에 2.6㎥(130ℓ× 20분값= 2,600ℓ) 곱한 양 이상(* 최대 2개)을 지하수조에 저장한다.

- 펌프(모터펌프, 양수기): 전기를 사용하여 원심력의 힘으로 물을 뿜어 올리는 기계
- 양정: 양수기(펌프)가 뿜어올린 물의 높이나 길이(* 수두: 물의 머리. 즉, 물의 길이)

8. 압력수조와 가압수조의 차이

① 압력수조: 소화용수(2/3)와 공기(1/3)를 채우고 일정압력 이상으로 가압하여 그 압력으로 급수하는 수조이다. 즉 압력수조 내에 물을 넣고 압축공기를 충전(에어콤프레서 사용)하여 일정 압력 이상으로 가압하여 송수하는 방식으로 탱크 설치위치에 구애받지 않는다.

② 가압수조: 압축공기나 불연성 고압기체를 사용하여 물을 가압시키는 수조를 말한다. (*동력이 불필요, 물 98%까지 저장이 가능하다.)

* 수조의 종류 4가지: 고가 ☞ 가압 ☞ 압력 ☞ 펌프(지하수조, 가장 흔함)방식이 있다.

9. 자동화재탐지설비와 자동화재속보설비의 차이*

① 자·탐(자동화재탐지설비): 자탐설비는 화재 발생을 자동으로 감지하여 해당 소방대상물의 관계자에게 통보하는 설비이다.

② 자·속(자동화재속보설비): 감지기에서 감지된 신호를 수신기에서 받아 소방서로 통보하는. 119상황실에서는 신고가 접수되는 각지설비이다.- 자탐과 연동(연계 동작)한다.

10. 감지기, 발신기, 중계기, 수신기의 차이★★

① 감지기: 화재를 감지하는 기구→ 수신기로 자동으로 연결한다. (열·연기·불꽃감지기 등이 있다.)
② 발신기: 화재를 발신하는 기구→ 수신기로 수동으로 연결한다.
③ 중계기: 감지기나 발신기 신호를 수신기에 중계하는 기구
④ 수신기: 화재를 수신하는 기계(P·R형이 있다.)(* 수신반: 수신기) ▸ **암기**: 피알, 알고수신기
(* P형: 공통의 신호 / 재래식 벽붙이 수신기 / R형: 고유의 신호 / 현대식 스탠드형 고가 **수신기**)

- **특수감지기 용도**: 4m 미만, 20m 이상 천장 높이에 구애받지 않고 설치 가능.
- **연기감지기 용도**: (높은 천장) 20m 미만, 계단, 복도, 방송국 등 높은 천장에 사용.
  - 이온화식(스포트형)
  - 광전식(스포트형·분리형, 공기흡입형) ▸ 이광연
- **열감지기 용도**: (낮은 천장) 주로 8m 미만. ▸ 차보정
  - 차동식 스포트형: 거실, 사무실 등에 주로 사용한다. (가장 많이 사용)
  - 정온식 스포트형: 온도가 높은 보일러실, 주방 등에 사용한다.
  - 보상식 스포트형: 차동식+정온식의 두가지 부속으로 보태서 만들어짐.

11. 구조대, 완강기, 간이완강기, 공기안전매트

① 구조대: 화재 시 피난자가 자루형태의 내부에 들어가 화재 아래층으로 완충 역할을 하며 내려오는 피난기구이다.
② 완강기: 사용자 하중에 의하여 자동적으로 내려올 수 있는 기구로서 하중은 약 150kg 이상 견딜 수 있어야 한다.
③ 간이완강기: 사용자가 교대하여 연속적으로 사용할 수 없는 완강기이다.
④ 공기안전매트(에어매트): 높은 곳에서 뛰어내릴 때 충격을 흡수 할 수 있도록 포지에 공기 등을 주입하는 구조로 되어 있다.

12. 방화복과 방열복

① 방화복: 일부 국고보조를 받는 소방현장에서 사용되는 소방복.(* 4kg, 570℃에 견딤)
② 방열복: 화재현장 등에서 방화복보다 뜨거움을 더 견딜 수 있는 내열 피복.

13. 피난구 유도등과 통로 유도등, 객석 유도등

① 피난구 유도등(녹색바탕에 백색글씨): 피난구 및 피난경로 출입구의 위치를 표시하는 유도등으로서 바닥으로부터 높이 1.5m 이상으로서 출입구 가까이 설치한다. ▸ **암기**: 피녹백
② 통로 유도등(백색바탕에 녹색글씨) ▸ **암기**: 통백녹

㉠ 계단통로 유도등: 계단참이나 경사로참(1개 층에 2 이상 있는 경우는 2개의 계단참마다)바닥으로부터 1m 이하에 설치한다.

㉡ 복도통로 유도등: 복도통로 유도등으로서 바닥으로부터 높이 1m 이하의 위치에 설치하며 보행거리 20m 마다 설치한다.

㉢ 거실통로 유도등: 거실, 주차장 등의 통로에 피난구의 방향을 명시하는 유도등으로 바닥으로부터 1.5m 이상에 설치한다. 천장에 설치하기도 한다.(* 천장통로 유도등)

③ 객석 유도등: 객석의 통로·바닥 또는 벽에 설치한다. ▸ **암기**: 통바벽 ▸ **오답**: 기둥

■ **우리말과 외래어**

- 관창: 노즐
- 삭도: 케이블카
- 노대: 발코니
- 관: 덕트(duct)
- 모사전송: 팩시밀리
- 승강기: 엘리베이터
- 구획: 블록(block)

14. 사진 학습

【연결송수관 송수구】

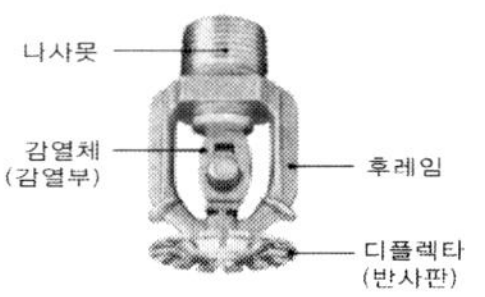

【폐쇄형 스프링클러 헤드】

【개방형 헤드】

【피난구 유도등】

【계단통로 유도등】

【객석 유도등】

【자동확산소화용구】

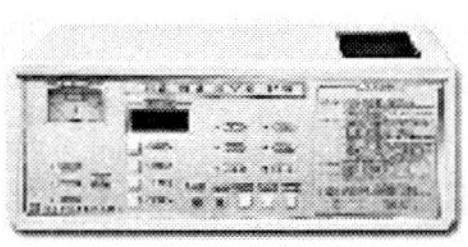

【자동화재속보설비】

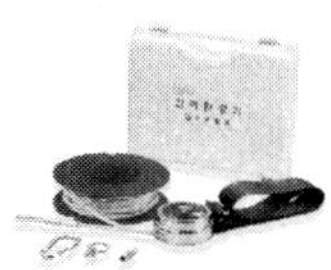

【간이완강기】

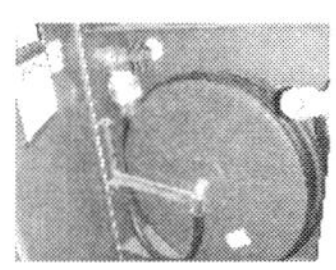

【호스릴옥내소화전】

05 소방관계법규 기본용어 (* 중요도 낮음)

- 소방법규에서 공무원은 소방청장, 시도지사, 소방본부장, 소방서장까지 4사람이 나온다.
- 민간인은 소방안전관리자, 소방안전관리보조자, 위험물안전관리자 3명 / = 총 7명이 나온다.

1. 소방대상물과 특정소방대상물의 차이*

① 소방대상물: 선박건조구조물, 산림·선박, 건축물·인공구조물·차량(삭도 포함)·물건을 말함.
② 특정소방대상물: 소방시설을 설치해야 하는 소방대상물로서 대통령령이 정하는 것을 말함.

■ **소방대상물과 특정소방대상물의 차이**
- 소방대상물: 불이 날 수 있는 대상물을 말한다. 예 단독주택, 산림(소방기본법 제2조)
- 특정소방대상물: 소방대상물에 소방시설이 설치된 대상물. 예 아파트, 공장(소방시설법 제2조)
  * 소방대상물 **오답**: 항해 중인 선박, 나는 비행기, 인축, 지하매설물, 관계지역

2. 소방안전관리자와 위험물안전관리자, 자체소방대*

① 소방안전관리자: 소방시설이 설치되어 있는 특정소방대상물에서 평상시 소방안전관리를 하는(예 옥내소화전 등이 설치된 일반건축물 혹은 자동차 가스충전소) 사람이다
② 위험물안전관리자: 제4류 위험물(인화성 액체)에 지정수량 이상으로 평상시 화재를 방어하기 위한(예 주유소) 사람이다.
③ 자체소방대: 제4류 위험물(인화성 액체)에 있어서 지정수량 3천 배 이상을 저장·취급하는 제조소나 일반취급소, 지정수량 50만 배 이상의 옥외탱크 저장소 등에 설치됨.
(예 휘발유 3천드럼 이상이 있는 정유공장에서 화재시 불 끄는 직원)

■ **제4류위험물을 취급하는 자체소방대와 위험물안전관리자 혼동 비교**
자체소방대는 제4류 위험물의 지정수량 3천 배 이상을 저장·취급 과정에서 화재 시 신속한 소화활동을 위한 그 회사 직원(예 정유공장)으로 생각하면 쉽다. 그러나
위험물안전관리자(자격증 있음)는 제4류 위험물의 지정수량 1배 이상"위험물제조소등"의 안전관리를 위한(예 주유소) 사람이다.

4. 발주자, 수급인, 하수급인

① 발주자: 일을 주는 사람. 예 도급인, 관계인 (* 도급: 일을 줌)
② 수급인: 일을 받는 사람. 예 공사업자.
③ 하수급인: 수급인에게 일을 받는 사람. 예 하청업자.

5. 바닥면적과 연면적

① 바닥면적: 건축물의 각 층의 수평투영면적을 말한다.(예, 한 층의 가로×세로의 면적)

예 주로 1층에 설치하는 차고·주차장, 옥외소화전, 지하층·무창층 등에 사용되는 용어

② 연면적: 하나의 건축물 각 층의 바닥면적의 총 합계를 말한다.

예 옥내소화전, 연결송수관설비 등에 사용되는 용어.

6. 화재안전조사, 출입·조사, 출입·검사

① 화재안전조사: (평상시 필요하면 예방차원에서 행하는 조사이다.)

㉠ 화재예방강화지구 안의 화재안전조사는 소방관서장이 연 1회 이상 소방대상물의 위치, 구조, 설비 등의 조사를 한다.(화재의 예방 및 안전관리에 관한 법률 시행령 제21조)

㉡ 반면 화재예방강화지구 외에서 소방대상물의 화재안전조사는 필요시 소방관서장이 소방대상물, 조사**사**유, 조사**대**상, 조사**기**간을 사전에 **7일** 이상 공개하고 관계지역, 관계인에 대하여 항목별로 한다. (※ 참고: 소방관서장 : 소방청장, 소방본부장, 소방서장.)

② 출입·조사: 화재 시 소방관서장(소방청장, 소방본부장, 소방서장)이 화재현장에서 하는 조사이다. 화재의 원인과 피해조사를 한다.

③ 출입·검사: 시·도지사, 소방청장, 소방본부장 또는 소방서장이 위험물에 따른 화재의 예방 또는 진압대책을 위하여 필요한 때 실시하는 검사이다.(위험물법 제22조)

7. 안전원과 기술원 (* 중요도 낮음)

① 안전원(한국소방안전원): 소방기술과 안전관리기술의 향상 및 홍보 등의 업무를 수행하면서 소방청의 인가기관으로 설립되었다. 민법 중 재단법인 규정을 준용한다.

(* 시·도마다 있으며 주로 소방기술자, 소방안전관리자, 위험물안전관리자 교육과 시험을 담당함.)

② 기술원(한국소방산업기술원): 소방산업의 진흥과 발전을 효율적으로 지원하기 위하여 설립되었으며, 민법 중 재단법인에 관한 규정을 준용한다.

(* 경기도 용인에 있으며 주로 소방용품 조사·연구 및 위험물탱크 안전성능시험 업무를 담당함.)

8. 성능시험(감리업자)와 성능검사의 차이)

① 성능시험: 완공된 소방시설의 성능시험 등 예 감리업자

② 성능검사: 위험물탱크 안전성능검사 예 시·도지사 → 기술원에 위탁을 줄 수 있음.

9. 점검과 검사의 차이

① 점검(정기점검): 안전관리자, 위험물운송자, 탱크시험자, 대행기관이 1년에 1회 이상

② 검사(정기검사): 소방본부장·서장이 50만ℓ 이상의 옥외탱크저장소를 완공날→12년→11년

10. 표지와 게시판의 차이

① 표지: 어떤 사물을 표하기 위한 표시로 원형기둥에도 감쌀 수 있음. (예 특수가연물)

② 게시판: 게시사항을 기재하는 판때기(널빤지)를 말함. (예 제조소게시판 또는 위험물게시판)

11. 제조소게시판과 위험물게시판의 차이

① 제조소게시판: 제조소 정문 등에 위험물 알림 게시판으로서 지정수량의 배수, 위험물 안전관리자의 성명 또는 직명, 저장최대수량, 취급최대수량, 유별·품명을 기재한다.
(• 규격: 0.3m × 0.6m 이상) (* 백색바탕에 흑색문자)

② 위험물게시판: 위험물창고 부근에 위험물 주의사항 게시판으로서 적색바탕에 백색글씨로화기주의, 화기엄금 또는 청색바탕에 백색글씨로 물기엄금을 기재한다.

12. 보유공지와 주유공지의 차이

① 보유공지: 건축물 주위에 소방활동, 피난 공간 확보, 점검·보수 등에 필요한 공터(공지).

② 주유공지: 주유취급소에는 고정주유설비의 주위에는 주유를 받으려는 자동차 등이 출입할 수 있도록 주유기 앞에 너비 15m 이상, 길이 6m 이상의 콘크리트 등으로 포장한 공지.

----*

- 고층건축물: 지하층을 제외한 11층 이상이거나 높이가 31m 이상인 건축물.
- 이내: 이하 (* 이하, 이상은 숫자포함 / 미만, 초과는 숫자 불포함)
  (예 5이하: 5,4,3,2,1 5미만= 4,3,2,1 / 예 5이상: 5,6,7,8 5초과= 6,7,8,9)
- 갈음: 대신
- 선임: 채용 예 소방안전관리(보조)자 및 위험물안전관리자는 30일 이내에 선임하여 14일 이내 관할 소방본부장 또는 소방서장(즉, 소방서)에게 신고한다.

Check Point

나를 넘어서야 이곳을 떠나고 나를 이겨내야 그곳에 이른다.
갈 만큼 갔다고 생각하는 곳에서 얼마나 더 갈 수 있는지는 누구도 모르고,
할만큼 했다고 생각하는 곳에서 얼마나 더 해낼 수 있는지는 아무도 모른다.

06 소방법관계법규 도해(圖解) 개념

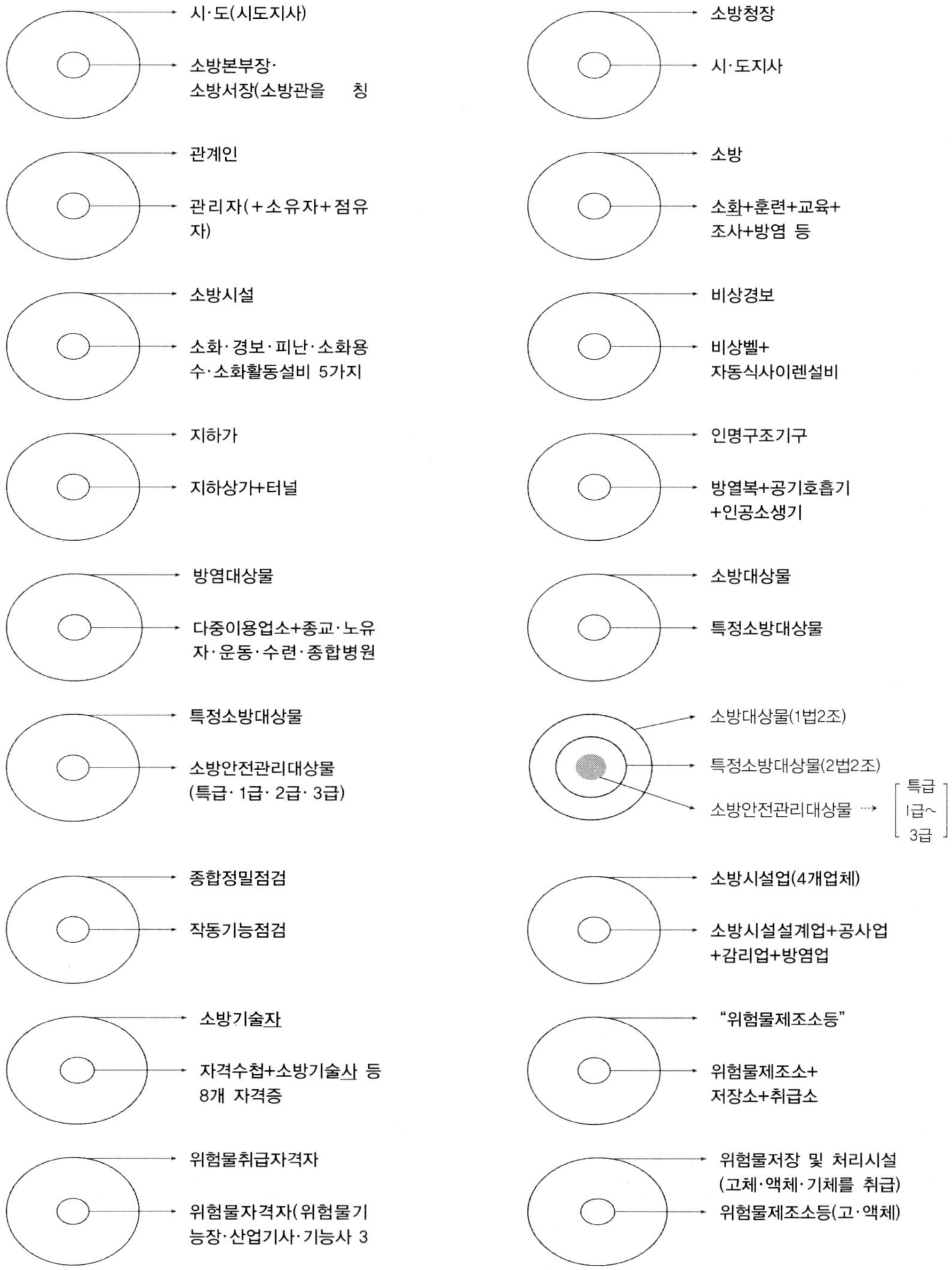

MEMO

PART 1

소방조직

한눈목차 한눈으로 학습하는 숲의 내용

1 소방의 발달과정 (소방역사)
- (1) 삼국시대 (2) 통일신라시대 (3) 고려시대
- (4) 조선시대1 → 세종8년 병조에 금화도감(최초 소방관서)
- (5) 조선시대2 → "소방" 용어 처음 사용(갑오경장 이후)
- (6) 일제강점기 → 1925년 (경성) 최초 소방서
- (7) 미군정시기 → 최초 독립된 자치소방
- (8) 정부수립 이후(국가 소방)1 → 1958년 소방법 제정
- (9) 정부수립 이후(국가+자치)2 → 이원적 소방
- (10) 시도자치소방1 → 1992~2020년 광역체제정착기
- (11) 시도자치소방2 – 소방방재청→ 국민안전처→ 소방청

2 소방공무원
- **1 소방공무원**
  - (1) 소방공무원법 목적
  - (2) 임용령 용어 : 임용/복직/필수보직기관/소방기관(청국시중중지소서)
  - (3) 계급 : 사·교·장 / 위·경·령·정 / 준감·감·정감·총감(청장)
- **2 소방임용**
  - (1) 시험실시(시험실시권, 신규채용)
  - (2) 소방모집(시험실시기관, 부정행위자)
  - (3) 소방선발(임용권자)
    - ①소방령 이상 → 대통령
    - ②소방경 이하 → 소방청장
    - ③위임 시 → 시·도지사
- **3 소방인사 및 승진** — (1) 인사위원회 / (2) 보직관리 / (3) 승진 → (최저근무: 1122334)
- **4 징계 및 평정**
  - (1) 중징계(파면·해임·강등·정직) / 경징계(감봉·견책)
  - (2) 평정분포비율(수·우·양·가 → 2·4·3·1)

3 소방행정
- **1 소방조직** — • 소방행정의 특수성 – 긴계규전신위헌결가
- **2 소방행정이론**
  - (1) 행정행위 – 작위·부작위·수인·급부하명
  - (2) 행정강제 – 직접강제 / 즉시강제(O)
  - (3) 행정지도 – 노다숙의장 의소침(권고행위)
- **3 민간조직** — • 의용소방대 → 그 지역 주민, 비상근, 65세, 지방조직

4 재 난
- **1 재해의 분류** — • 존스와 아네스 / • 하인리히(유·개·불안) 및 프랭크버드(제·기·직·사)
- **2 재난관리** — • 예방(위험지도작성, 점검) / ·대비(구축) / ·대응(가동) / ·복구(지원)
- **3 용어의 뜻** — • 자연재난 / 사회재난 / 긴급구조기관(청·본·서, 해·지·해) 등
- **4 중앙안전관리위원회(심의기관)** — • 국무총리 → 조정위원회(행장관) → 실무위원회(재난본부장)
- **5 중앙재난안전대책본부 (수습기관)** – • 행정안전부장관 / 해외(외교부장관) / 방사능(〃 대책본부장)
- **6 긴급구조통제단장**
  - (1) 중앙 통제단장 – 소방청장
  - (2) 지역 통제단장 – 소방본부장 / 소방서장
- ❶ 재난의 책임별 분류
  - ① 대통령→ 특별재난 선포자
  - ② 국무총리→ 중앙위원장
  - ③ 행장관→ 재난상황실+다수업무
  - ④ 시·도지사→ 재난상황실운영자
  - ⑤ 시군구청장→ 〃
  - ⑥ 소방청장→ 중앙긴급통제단장
  - ⑦ 소방본부장→ 시·도 통제단장
  - ⑧ 소방서장→ 시·군·구 통제단장
- ❷ 긴급구조현장 지휘 규칙
  - (1) 통제단
  - (2) 긴급구조지휘대
  - (3) 현장응급의료소

1.2편 접근 접근성 이야기

소방조직. 재난관리의 분석

제1장 "소방의 발전과정"은 한국사 한 부분의 소방역사로서 소방학 시작 이론이다.

(p32 하단 박스의 ①~⑬까지의 연대표를 기억한다. 암기는 p33의 단축기업법을 본다)

제2장 ①"소방행정"에서 소방행정조직은 소방행정의 기본적 이론으로 지방조직, 소방행정의 특수성, 민간소방조직 등이며, 심화이론은 요하지 않는다.

②"소방공무원법"은 소방공무원 승진시험의 한 과목이지만 고등학교 또는 대학교 소방학과나 소방공무원 수험생인 예비소방관들에게는 소방공무원의 임용이나 징계 등 쉬운 부분에서 기초적 법령을 알리는 이론이다.

제3장 "재난관리"에서 중요한 "재난 및 안전관리 기본법" 의 기본적인 이론을 중심으로, ① 재난의 용어와 ② 중앙안전관리위원회(중앙위원회) ③ 중앙재난안전대책본부(중앙재난대책본부) ④ 긴급구조통제단의 3파트 구성과 ⑤ 예방, 대비, 대응, 복구의 이론으로 법령이 나누어져 있다.

(* 재난 학습은 p48~49의 구성과 p48의 8사람의 책임을 먼저 이해하도록 한다)

CHAPTER 1 소방의 발전과정

1. 우리나라 소방조직 변천사★★

우리나라 소방조직 변천사는 다음과 같다.

① 조선시대 조선(세종 8년) ~구한말	•1426: 금화도감(최초 소방관서) •1925: 경성소방서(최초소방서)
② 과도기 미군정시대('45~48) 최초 독립된 자치소방체제	•경찰에서 최초 독립된 자치소방 •1946 중앙: 소방위원회(소방청)
③ 초창기 정부수립이후('48~70) 다시 국가소방체제로 전환	•중앙: 내무부 치안국 소방과 •법제: 1958. 3"소방법"제정 •신분: 경찰공무원법 적용
④ 발전기 '70~92 국가+자치소방(이원적행정)	•체제: '72, 서울·부산 자치소방(첫 소방본부) •구조: '75. 내무부 소방국, 민방위본부 설치 •신분: '78. 3 "소방공무원법" 제정 후 시행 ※ '78. 7 (중앙)소방학교 설치
⑤ 광역자치 '92~2019 시·도 (광역)자치소방 확립	•체제: 시·도 책임으로 전국 일원화 •기구: 1992. 4 전국 모두 소방본부 설치 •2004. 6월 1일 소방방재청 개청 •2014. 11월 19일 국민안전처 출범 •2017. 7월 19일 소방청 출범

⑥ **20년 4월**부터~ 국가직 소방(시도·협력) 체제로 운영.

2. 우리나라의 소방변천사 핵심★★★

우리나라의 국가와 자치소방체제의 변천사를 알아본다.

① 삼국시대 방화의식 싹틈 ⋯→ ② 통일신라 방화의식을 가짐 ⋯→ ③ 고려시대 금화제도 시작 ⋯→ ④ 조선시대 금화도감(최초 소방관서) ⋯→ 수성금화도감 ⋯→ ⑤ 일제강점기(상비소방수) ⋯→ 1925년 최초소방서 ⋯→ ⑥ 미군정 최초 독립된 자치소방 ⋯→ ⑦ 정부수립 이후 일원적 국가소방(+1958년 소방법 제정) ⋯→ ⑧ 1972년 국가·자치 이원적 소방 ⋯→ ⑨ 1992년 광역시 중심 시·도 자치소방 ⋯→ ⑩ 2004년 소방방재청⋯→ ⑪ 2014년 국민안전처⋯→ ⑫ 2017년 소방청⋯→ ⑬ 2020년 국가직.

정리 소방역사 연대표 ★★★

1. 1426년: 세종 8년. 금화도감 설치(최초의 소방관서)
2. 1894년: 조선시대 후기. 갑오경장 이후에 "소방" 용어 최초 사용(1895년)
3. 1925년: 일제강점기. 최초로 경성(종로)소방서 생김
   ※ 39년 부산·평양, 41년 청진, 44년 용산·인천·함흥, 45년 성동
   (▶ **암기**: 41년 청진기발명, 44년 용인함, 45세 성동일)
4. 1945년: 미군정기. 경찰에서 독립된 최초의 자치소방 실시 (※ 46년 소방위원회 설치)

.... (현대사)

5. 1948년: 정부수립. 독립된 최초의 자치소방에서 경찰에 예속, 국가소방체제로 다시 전환 (일원적 소방행정) (▶ 중앙: 내무부 치안국 소방과, 지방: 경찰국 소방과)
6. 1958년: 소방법 제정(3/11일)
7. 1972년: 국가와 자치소방체제. 서울, 부산에 첫 소방본부창설(이원적 소방행정)
8. 1975년: 내무부 민방위본부 소방국 설치 (두 번째 본부창설)
9. 1978년: 3월 소방공무원법 제정 후 시행. 중앙소방학교설립(수원 → 천안)
10. 1992년: 시·도 광역자치소방체제 확립(광역 행정). 전국 시·도에 소방본부 설치.

.... (초현대사)

11. 2003년: 2/18 대구 지하철 방화(放火)사건 발생.
12. 2003년: 5/29일 1년 후 시행계획으로 소방법을 폐지하고 이를 세분화하여 개편.
    (* 2021 11/1일 소방관계법규를 다시 정리 후 더욱 세분화하여 개정 및 재 제정)
13. 2004년: "재난 및 안전관리기본법" 제정 후 시행.(3/11 제정.)
14. 2004년: 5월 소방방재청 설립
15. 2014년: 11월 국민안전처 설립
16. 2017년: 7월 소방청 설립

17. 2020년: 4월 시·도(광역)자치행정에서 국가소방(시도와 협력)체제로 전환.

■ • 조선시대-소방관서 • 갑오경장-소방용어 • 일제시대-첫 소방서 • 미군정 때-자치소방
▶ 1958 소방법~(20년 차~) 1978 소방공무원법 ▶ 1972 첫 소방본부~(20년 차~) 1992 전국 소방본부

※ 단축기억법(학습과 시험에서 주요부분만 기재)
1.3번: 만500년/ 3.4번: 20년 / 5.6번: 10년 / 6.9번: 20년 / 7.10번: 20년 / 14.15번: 10년차

* 내무부: 내무부는 과거의 총무부와 병합되어 지금의 행정안전부를 말한다. * 방화(放火): 고의로 불을 냄.

CHAPTER 2 소방행정과 소방공무원

제1장 소방 행정

01 소방 행정조직

1. 소방행정조직 (* 중요도 낮음)

우리나라의 소방조직체제는 2020년부터 국가직 소방체제이다.

(1) 중앙소방조직

중앙(국가)소방조직은 소방청에 소방정책국 · 119구조구급국 및 운영지원과를 둔다.
소방청장 소속으로 중앙소방학교, 중앙119구조본부 등이 있다.

(2) 지방소방조직

지방소방조직은 시·도지사 책임하에 광역시 중심체제(시·도)를 유지하고 있다.

① 지방행정기구: 소방서, 지방소방학교, 서울종합방재센터, 시·도 소방본부 등

② 지방소방학교: 서울, 경기, 충남, 경북, 광주, 부산, 강원, 인천에 있다.

중앙조직과 지방조직의 비교 ▶ **암기**: 소지서시 (* **연상**: 소지섭씨)

중앙조직(소방청소속)	소방정책국, 119구조구급국, 운영지원과(중앙소방학교, 중앙119구조본부 등)
지방조직 행정기구	소방서, 지방소방학교, 서울종합방재센터, 시·도 소방본부 등

(*^^ 중앙119구조본부는 소방청 소속기관이며, 119구조대는 소방서에 설치된 기관이다.)

2. 소방행정의 특수성★

법제적 특성, 조직적 특성, 업무적 특성이 있다. 이 중 업무적 특성은 다음과 같이 구분한다.

■ 업무적 특성: 긴급성, 계층성, 규제성, 전문성, 신속·대응성, 위험성, 현장성, 결과성, 가외성.
(* **연상**: 긴계규가 전신이 위험한 결과를 가져왔다)

02 민간 소방조직

1. 의용소방대원과 의무소방원★★

① 의용소방대원(정년: 65세):

큰 불 났을 때 등 갑자기 많은 소방인력이 필요할 때를 대비하여 만든 조직이다. 그 지역에서 희망하는 사람으로 구성하며 비상근(非常勤, 상시근무하지 않음) 근무체제로서 소방본부장 또는 소방서장(즉, 소방관을 지칭함.)의 소방업무를 보조하게 하기 위해 시·도 및 시·읍·면에 설치하여 운영하는 민간소방조직.(* 봉사단체가 아님.)

② 의무소방원:

시험에 합격 후 군복무 대신, 소방기관 중에서 복무하며 정해진 기간 동안 소방업무를 보조하고 있다. 이는 민간소방조직이 아님.

의용소방대원	각 지자체 그 지역의 희망 주민들로서 화재발생 등 필요시에만 와서 소방관들을 도와주는 민간조직의 소방대원을 말한다.(* 현재 약 10만 명이 있음.)
의무소방원	군복무 대신 소방에서 복무하며 정해진 기간 동안 소방업무를 보조하고 있다. 의무소방원은 민간조직이 아니다.

2. 자체소방대원과 자위소방대원

① 자체소방대원: 화재 시 소방대원이 도착하기 전에 화재를 진압하는 민간소방대를 말한다. 제4류 위험물에 있어서 법으로 정하여 법에 저촉을 받는 지정수량 3천배 이상의 위험물을 저장 또는 취급하는 제조소, 일반취급소 등에 설치한다.

↳ (예 화재발생 시 정유공장 등에서 불을 끄는, 회사 자체에 겸직된 직원)

② 자위소방대원: 화재 시 소방대원이 도착하기 전에 그 건축물 내에 직원으로 근무하며 피난유도 및 초기소화 등을 도와주는 민간소방대를 말한다.

↳ (예 일정 규모 이상의 공장에 근무하면서 화재 시 피난 등을 도와주며 불을 끄는 겸직된 직원)

※ 참고

■ 민간조직의 분류 정리:

- 의용소방대: 소방의 요청에 의하여 필요시 화재현장 등에서 소방활동을 보조하기위한 주민들.
- 위험물안전관리자: 제4류 인화성액체를 취급하는 주유소 등에 평상시 안전관리하는 민간소방인.
- 소방안전관리자: 옥내소화전이 설치된 건물, 가스충전소 등에 평상시 안전관리하는 민간소방인.
- 자위소방대: 일반공장 등의 화재 시 소방대 도착 전. 소방활동(소화, 피난유도 등)을 하는 직원.
- 자체소방대: 정유공장 등의 화재 시 소방대 도착 전 .소방활동(소화, 피난유도 등)을 하는 직원

제2장 소방공무원

01 소방공무원법

▶ 2022년 6월 3일까지 개정된 소방법령으로 편집되었습니다.

1. 소방공무원

(1) 소방공무원법 목적

이 법은 소방공무원의 책임 및 직무의 중요성과 신분 및 근무조건의 특수성에 비추어 그 임용·교육훈련·복무·신분보장 등에 관하여 국가공무원법 및 지방공무원법에 대한 특례를 규정하는 것을 목적으로 한다. ▶ **암기**: 교복임신

■ 국가공무원법은 정부수립 이후 1949년 제정, 지방공무원법은 1963년 제정되었다.
그러나 소방공무원법은 1977년 12월 31일 제정 이후 1978년 3월에 시행되었다.
우리나라 소방공무원은 현재 약 7만 명이 있다. 과거에는 국가공무원법, 지방공무원법을 적용받았지만 1978년 소방공무원법 시행 이후 지금까지 모두 "소방공무원법" 의 적용을 받고 있다.

(2) 소방공무원 임용령 에서 용어의 뜻★

① 임용: 신규채용 · 강임 · 휴직 · 강등 · 정직 · 직위해제 · 해임 · 승진 · 전보 · 파견 · 복직 · 면직 · 파면. (*13가지) ▶ **암기**: 신강휴 강! 정직해 승전파 복면파

② 복직: 휴직, 직위해제, 정직 중에 있는 소방공무원을 직위에 복귀시키는 것.

③ 소방기관: 소방청, 국립소방연구원, 시 · 도와 중앙소방학교 · 중앙119구조본부 · 지방소방학교 · 소방서 · 서울종합방재센터. ▶ **암기**: 청국시중 중지소서

* **오답**: 소방본부(* 본부는 기관이 아니고 부서이다.)

(3) 계급 구분★★

소방공무원은 정년퇴직시까지 근무가 예정된 경력직 중 특정직으로서 그 계급은 다음과 같다.

소방공무원의 계급 (* 계급순 선별)

• 소방공무원	소방총감, 소방정감, 소방감, 소방준감, 소방정, 소방령, 소방경, 소방위, 소방장, 소방교, 소방사 (11단계)

▶ **암기**: 사,교,장, 위,경,령,정, 준감,감,정감,총감(* **연상**: 사교장에 갔더니 아프던 위경련이 바르게 됐다)

(4) 우리나라 소방공무원의 계급구조★★

※ 계급의 ( )내의 숫자는 <u>최저 승진소요연수</u>를 말함.

직급(계급)	직위(직책)	비고	급수
소방총감	소방청장	1명	차관급
소방정감	소방청차장 → **<u>서울·경기·부산 소방재난본부장</u>**	4명	1급 이하
소방감	**<u>중앙119구조본부장,</u>** 중앙소방학교장, 소방정책국장, 119구조구급국장, 기획조정관 **<u>강원·인천·전남·경남·경북·충남본부장.</u>**	부장, 교장, 국장 등 11명 으로 구성됨	2급
소방준감	서울·경기 지방소방학교장 **<u>대구·광주·대전·울산·도 본부장.</u>**	나머지 본부장 등	3급
소방정(4)	**<u>소방서장</u>** 소방본부과장(서울·부산·경기제외) 중앙소방학교과장, 지방소방학교장	서장, 과장, 교장 등	4급
소방령(3)	소방본부 팀장, 소방서 과장	<u>영↑ 영웅으로..</u>	5급
소방경(3)	소방서 과장·계장, 구조구급대장 119안전센터장(팀장)	경↓ 사람으로	6급
소방위(2)	구조구급대장, 119안전센터장, 119안전센터 부센터장		
소방장(2)	119안전센터 반장		7급
소방교(1)	대원		8급
소방사(1)	대원, (9급 신입 경력직 공무원 중 특정직공무원에 해당한다.)	실무에서는 "반장" 이라고 호칭한다.	9급공무원
(소방사시보)	정식 공무원이 아닌 수습기간.	6개월 후 정식 9급공무원	예비공무원

☞ 계급의 ( )내의 숫자는 최저 승진소요연수를 말함.

---

* 준감 ~ 총감은 별(희망)의 계급으로 "초간부"라 한다 / 일반적인 직책 순은 부장 > 과장 > 서장 순이다
* 위 ~ 정은 육각수(깨끗)의 계급으로 "간부"라 한다 / 영(영웅) 이상과 경(사람) 이하로 구분한다.
* 사 ~ 장은 호스, 관창의 계급으로 "비간부"라 한다. / 승진시험(8급, 7급)을 "교 장" 시험이라 한다.
* 소방사 시험에 최종합격자는 6월 동안 "소방사 시보"로 근무 후 소방사가 될 수 있다. / 단, 간부는 1년 동안..

(5) 정 년

소방공무원의 정년(정해진 연수)은 다음과 같다. (* 중요도 낮음)

• 연령정년	• 소방공무원: 만 60세	
• 계급정년 (퇴직까지의 정년)	• 소방감: 4년 • 소방정: 11년	• 소방준감: 6년 • 소방령: 14년

(6) 공무원 임용의 결격사유*

국내 모든 공무원의 결격(자격이 결여)사유는 다음과 같다.

① 피성년후견인
② 파산선고를 받고 복권되지 아니한 자
③ 금고 이상의 형을 받고 집행 종료(집행을 받지않기로 확정) 후 5년이 지나지 아니한 자
④ 금고 이상의 형을 받고 그 집행유예의 기간이 완료된 날로부터 2년이 지나지 아니한 자
⑤ 금고 이상의 형의 선고유예를 받은 경우에 그 선고유예기간 중에 있는 자
⑥ 공무원 재직 중 형법 범죄자로 300만 원 이상 벌금형 선고 확정 후 2년 지나지 아니한 자
⑦ 성범죄자로서 100만 원 이상 벌금형을 받고 그 형이 확정된 후 3년이 경과하지 아니한 자
⑧ 해임 처분으로부터 3년 또는 파면 처분으로부터 5년이 미경과한 사람. ▶ 해삼파오
⑨ 미성년자에게 대한 성범죄자로서 파면·해임되거나 형 또는 치료감호가 확정된 사람
⑩ 법원의 판결 또는 다른 법률에 따라 자격이 상실되거나 또는 정지된 자.

2. 국가공무원법 등

(1) 용어의 정의 (* 중요도 낮음)

일반적으로 사용되고 있는 국내 모든 공무원의 용어의 정의는 다음과 같다.

① 직위(職位): 1명의 공무원에게 부여하는 직무와 책임(예 소방서장)
② 직급(職級): 직무의 종류·곤란성과 책임도가 상당히 유사한 직위의 군 (예 소방공무원 계급)
③ 직무등급: 직무의 곤란성과 책임도가 상당히 유사한 직위의 군 (예 고위공무원 계급 개념)
④ 정급(定級): 직위를 직급 또는 직무등급에 배정하는 것 (예 소방서장을 소방정에 배정)
⑤ 강임(降任): 같은 직렬 내에서 하위의 직급 또는 직위에 임명되는 일을 말한다.
⑥ 전보(轉補): 같은 직급 내에서 보직*변경 등 고위공무원단 직위간의 보직 변경
⑦ 전직(轉職): 전직이란 직렬을 달리하는 임명이다.(예 경찰공무원→ 소방공무원 직렬전환)
⑧ 직류(職類): 같은 직렬 내에서 담당분야가 같은 직무의 군
⑨ 직렬(職列): 유사한 직무와 책임과 곤란성 정도가 다른 직급의 군(예 행정직렬, 세무직렬 등)
⑩ 직군(職群): 직무의 성질이 유사한 직렬의 군(예 행정직군·기술직군)

3. 소방선발

(1) 임용권자★★

소방공무원법 제5조 관련 소방공무원법상 임용(任用)권자는 다음과 같다.

① 국가소방공무원의 임용은 다음의 구분에 의하여 행한다.

㉠ 소방령 이상의 소방공무원은 소방청장의 제청으로 국무총리를 거쳐 대통령이 임용한다. (단, 소방총감은 대통령이 임용하며, 소방준감 이하의 공무원에 대한 정직·복직·직위해제·전보·휴직·강등은 소방청장이 임용한다.) ▶ **암기**: 정복 직전 휴강

㉡ 소방경 이하는 소방청장이 임용한다.

② 위임시는 시·도지사가 임용한다.

임용
- 국가직
  - 소방령 이상: 대통령
  - 소방경 이하: 소방청장
- 위임시: 시·도지사

■ 소방공무원의 비교★★

① 국가소방공무원

㉠ 소방령↑: 소방청장의 제청으로 국무총리를 거쳐 대통령이 임용한다.(예 소방본부장)

㉡ 소방경↓: 소방청장이 임용. ▶ **암기**: 청제국거대

② 위임시: 시·도지사가 임용한다. (* 여기서 임용은 13가지 모두를 말한다.)

■ 핵심: 임용권의 위임자와 수임자

- 임용권자는 대통령, 소방청장이 된다.

① 대통령→ 소방청장 또는 시·도지사에게 임용권을 위임할 수 있다.

② 소방청장→ 시·도지사 또는 소방청 소속 기관장에게 위임할 수 있다.

③ 시·도지사→ 위임받은 임용권의 일부를 그 소속기관장에게 다시 위임할 수 있다.

∴ 임용의 수임자는 소방청장, 시·도지사, 소속기관장. ▶ **오답**: 소방본부장

(2) 임용의 유예

임용권자 또는 임용 제청권자는 기간을 정하여 임용 또는 임용제청을 연장할 수 있다.

① 학업의 지속, 임신하거나 출산한 경우

② 6월 이상의 장기요양을 요하는 질병이 있는 경우

③ 병역의무복무를 위하여 징집 또는 소집되는 경우

④ 그 밖에 임용 또는 임용제청의 유예가 부득이하다고 인정되는 경우

4. 소방승진·징계 등

1) 승진 (* 중요도 낮음)

(1) 승진임용의 구분

승진임용의 구분은 다음과 같이 3가지로 분류한다.

① 심사승진(평점)　　② 시험승진(필기+체력)　　③ 특별승진(예 사망)

(2) 승진임용의 제한

다음에 해당하는 소방공무원은 승진임용을 할 수 없다.

① 징계처분·직위해제 또는 휴직 또는 시보임용 기간 중에 있는 사람.

② 징계처분의 집행이 끝난 날로부터 다음의 기간이 지나지 아니한 사람

> ㉠ 견책 - 6개월　　㉡ 감봉 - 12개월　　㉢ 강등·정직 - 18개월
> (*^^ 단, 금품, 향응수수, 공금의 횡령·유용·성희롱·성폭력·성매매의 경우에는 각각 6월을 더한다.)

(3) 근속승진★★

소방공무원은 소방사에서 소방경까지 근속승진임용을 할 수 있다.

- 소방위로 8년 이상 재직하고 있는 자.(위 → 경)
- 소방장으로 6년 6개월 이상 재직하고 있는 자.(장 → 위)
- 소방교로서 5년 이상 재직하고 있는 자.(교 → 장)
- 소방사로서 4년 이상 재직하고 있는 자.(사 → 교)　▸ **암기**: 4 5 6·6 8

(4) 승진의 요건과 제한★★

해당 계급에서 승진소요 최저근무연수 이상 재직하여야 한다.

■ **승진 최저근무 소요연수**

㉠ 소방정(정 → 준감): 4년　　㉡ 소방령(영 → 정): 3년
㉢ 소방경(경 → 영): 3년　　㉣ 소방위(위 → 경): 2년
㉤ 소방장(장 → 위): 2년　　㉥ 소방교(교 → 장): 1년
㉦ 소방사(사 → 교): 1년

- 소방사 ~ 소방정까지의 승진 최저소요연수: 11, 22, 33, 4년　▸ **암기**: 11 22 33 4

(5) 부정행위자에 대한 조치

① 시험을 정지 또는 무효, 합격취소　② 5년간 응시불가　③ 명단을 관보에 기재한다.

(6) 승진심사위원회

승진심사를 하기 위하여 소방청에 중앙승진심사위원회를, 소방청, 시·도, 대통령령으로 정하는 소속기관(중앙소방학교와 중앙119구조본부 등)에 보통승진심사위원회를 둔다.

> **■ 승진심사위원회**
> 근무성과, 경험직책, 직무·업무수행능력, 인품, 발전성, 국가관, 청렴도의 사항을 심사한다.
> - 중앙승진심사위원회: 소방청(* 위원장을 포함 5~7명 이하로 구성한다.)
> - 보통승진심사위원회: 소방청, 시·도, 중앙소방학교, 중앙119구조본부 등 (*5~9명으로 구성)
>   ➲ 시 · 도지사가 임용권을 행사하는 경우에는 시 · 도에 보통승진심사위원회를 둔다.
> - 승진심사위원회 회의: 5배수 내 범위, 연 1회 실시, 과정은 비공개로 한다.(결과는 알게 됨)
> - 회의는 재적위원 3분의 2 이상의 출석과 출석위원 과반수의 찬성으로 의결한다.

(7) 초임 소방공무원의 보직

초임 소방공무원의 보직은 다음과 같다.

① 소방간부후보생을 소방위로 임용할 때에는 최하급 소방기관에 보직하여야 한다.
② 신규채용에 의하여 소방사로 임용된 자는 최하급 소방기관의 외근부서에 보직한다. (단, 자격증소지자를 자격 관련부서에 보직하는 경우는 예외이다.)
③ "최하급소방기관"이란 소방청, 국립소방연구원, 시·도의 소방본부, 중앙소방학교, 중앙119구조본부, 지방소방학교 및 서울종합방재센터를 제외한 소방기관을 말한다.

> ■ 소방사로 임용된 자는 최하급 소방기관의 외근부서에 보직한다.
> (* 최하급소방기관이란 소방서, 119안전센터, 119지역대 등을 말한다.)

(8) 징계★★★

징계는 중징계와 경징계로 나눈다.

징계의 구분★★★ ▸ **암기**: 포항가자 고고

징계	종 류	신분 등	직무정지	보수(본봉)	승진제한	기록말소	성질
중징계	파 면	• 5년간 신분 박탈		·	·	·	배제 징계
	해 임	• 3년간 신분 박탈		·	·	·	
	강 등	• 바로 하위계급	3월 정지	전액 감봉	18월	9년 후	교정 징계
	정 직	계급 변함 없음	1~3월	전액 감봉	18월	7년 후	
경징계	감 봉	〃	·	1/3 감봉	12월	5년 후	
	견 책	〃	·	·	6월	3년 후	

참고 소방청 소속기관 등

(1) 소방청 그 소속기관의 직제 등

소방청장 소속으로 중앙소방학교, 중앙119구조본부를 둔다.

① 소방청장은 소방총감으로 보한다.

② 소방청 차장은 소방정감으로 보한다.

③ 소방청에 소방정책국·119구조구급국 및 운영지원과를 둔다

소방청장(☆☆☆☆)
↳ •대변인
↳ •119종합상황실

소방청차장(☆☆☆)
↳ •기획조정관(☆☆)

소방정책국장(☆☆)	119구조구급국장(☆☆)	운영지원과장(☆)
•소방정책과 •화재예방과 •대응조사과 •소방산업과	•119구조과 •119생활안전과 •119구급과 •소방장비항공과	보안 및 관인·관인대장의 관리 및 징계, 급여, 복리후생, 인사업무 등

(2) 대한민국 소방관서 조직

(2020년 기준)

소방본부	소방서	안전센터	구조대	구급대	항공대	소방정대	지역대	소방학교
18조직	224	1,067	240	1,077	18	8	414	8

(3) 소방인력(2021년 기준)

① 계급별(정원)

구 분	계	소방총감	소방정감	소방감	소방준감	소방정	소방령	소방경	소방위	소방장	소방교	소방사
소방청 등	627	1	1	3+2	소방청 181 + 소속기관 446 = 627명							
지방자치	63,913		3	6	63,904명							

② 기관별(정원) (2020년 기준)

구분	안원	구분	현원
• 의용소방대원수	95,276	• 의무소방원수	1,140

PART 2

재난관리

CHAPTER 1 재해 및 재난

4. 재해의 분류★

(1) 존스(Jones)의 재해분류

David K. C Jones의 분류는 재난의 발생원인과 재해현상에 따라 다음과 같이 구분하고 있다.

Jones의 재해분류 ▶ **암기**: 자준인, 자지생, 지지지기

재해					
자연재해				준자연재해	인위재해
지구물리학적 재해			생물학적 재해		
지질학적 재해	지형학적 재해	기상학적 재해			
지진, 화산, 쓰나미 등	산사태, 염수토양 등	안개, 눈, 해일, 번개, 토네이도, 폭풍, 태풍, 가뭄, 이상기온 등	세균질병, 유독식물, 유독동물	스모그현상, 온난화현상, 사막화현상, 염수화현상, 눈사태, 산성화, 홍수, 토양 침식 등	공해, 광화학연무, 폭동, 교통사고, 폭발사고, 태업, 전쟁 등

(2) 아네스(Anesth)의 재해분류

Br. J. Anesth는 자연재해로 이분(二分)하는 관점도 세분류(細分類)를 각각 달리하고 있다.

Anesth의 재해분류 ▶ **암기**: 아자인 자기지 인사계

자연재해		인위재해	
기후성 재해	지진성 재해	사고성 재해	계획적 재해
• 태풍	• 지진 • 화산폭발 • 해일	• 화재사고 • 교통사고(자동차, 철도, 항공, 선박) • 생물학적재해(박테리아, 바이러스, 독혈증) • 화학적재해(부식성물질, 유독물질) • 산업사고(건축물 붕괴) • 폭발사고(갱도, 가스, 화학폭발물) • 방사능재해.	• 테러 • 폭동 • 전쟁

(3) 하인리히의 도미노 이론(최초의 도미노이론)

하인리히는 재해발생을 사고요인의 연쇄반응 결과라는 연쇄성 이론을 제시했다.

- 사고발생은 항상 불안전한 행동과 상태로부터 기인하며, 이를 제거해야 한다고 주장했다.
- 하인리히는 제 3단계인 불안전 행동 및 불안전 상태(직접적 원인)를 제거하면 재해는 예방된다는 이론이며, 1(중상): 29(경상): 300(무재해 사고)로 통계했다.

하인리히의 사고발생 연쇄성이론

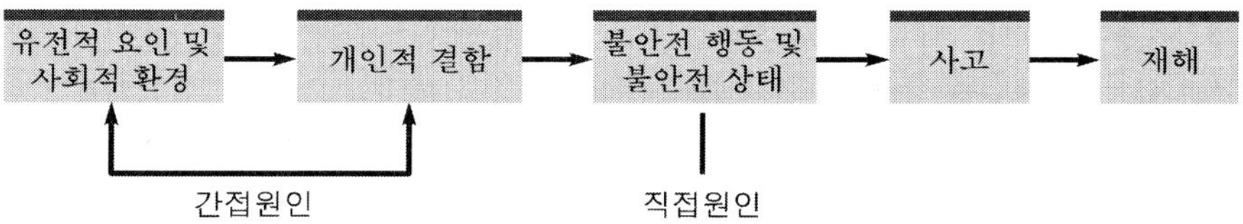

유전적 무모함과 사회환경이 ⇢ 개인 결함이고 ⇢ 불안이(직접원인 되어) ⇢ 사고, 재해가..

▸ **암기**: (하)유개불안(* **연상**: 하인리히가 유전적, 사회적 환경으로 유괴당해서 불안하다.)

① 유전적요인 및 사회적 환경(제1단계)

가정의 유전적인 결함요소인 무모, 완고, 부적절한 환경, 성격이상, 교육방해 등 결함.

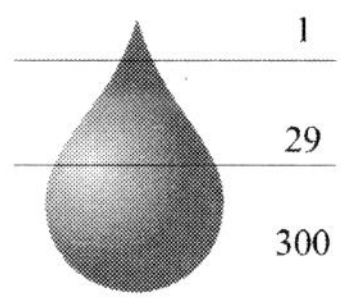

【하인리히 사고법칙】

② 개인적 결함(제2단계)

㉠ 신경질·무분별·무지 등 불안전한 행동을 유발.

㉡ 기계적, 물리적인 위험성의 존재에 따른 인적결함.

③ 불안전 행동 및 불안전 상태(제3단계) – 직접원인

부적당한 방호상태, 불충분한 조명 등 불안전 상태는 직접적 사고의 원인이다.

④ 사고(제4단계)

3단계로 인해 작업능률 저하. 물체의 낙하 등은 직·간접적인 상해의 원인이 된다.

⑤ 재해(제5단계) – 상해

좌상, 열상 등 직접적인 재해. 사고발생의 최종결과로 인적, 물적 손실을 가져온다.

- (하버드)요약: 미국 보험회사에 각각 근무했던 하인리히와 버드는 도미노 이론은 가장 중요한 제3단계 (직접원인인 불안전한 행동·상태)를 제거하면 재해를 예방할 수 있다고 했다.
- 하인리히 법칙: 하인리히는 대형사고 1건이 발생하기 전에 관련된 소형사고가 29회 발생하고, 이 소형사고 이전에 같은 원인의 사소한 징후들이 300회 나타난다고 했다.

(4) Frank Bird 이론(개선된 최신의 도미노이론)

버드(Bird)도 재해요인이 연쇄반응의 결과로 발생한다는 연쇄성 이론(Domino's Theory)을 제시하였다.

- 가장 중요한 것은 하인리히처럼 3단계 불안전한 직접원인의 제거이다.
- 버드는 가장 중요한 직접원인을 제거하는 것만으로는 재해는 다시 발생한다고 주장하며 그 전단계인 기본원인(4M)을 반드시 제거해야만 재해를 예방할 수 있다고도 강조했다.

> ■ 4M: Man(인간적요인), Media(작업적요인), Machine(기계설비적요인), Management(관리적요인)

- 버드는 보험 통계 17만 5천여 건의 사고분석 결과, 1(중상, 폐질) : 10(경상) : 30(무상해 사고, 물적손실) : 600(무상해, 무사고 고장, 위험순간)의 비율로 사고가 발생한다는 법칙을 발표했다.

버드(Frank Bird)의 연쇄성이론

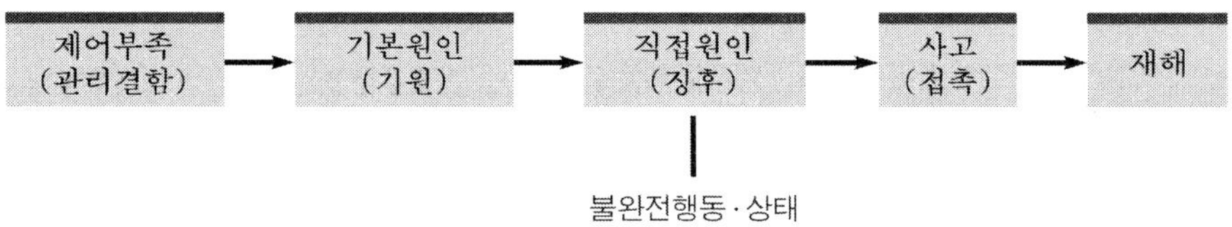

> 제어가 부족해서 → 기본원인이 되고 → 불안이(직접원인 되어) → 사고 및 재해가 일어난다.

▶ **암기**: 제기직사(* 제기랄! 직사했네)

① 제어의 부족 – 관리(1단계): 통제부족!(안전관리 원리를 이해하고 이를 행해야 한다)
② 기본원인 – 기원(2단계): 재해 사고 시 기본적인 배후 원인이 된다.
개인적 요인(지식·기능부족), 작업상 요인(기계결함, 사용방법 등)
③ 직접원인 – 징후(3단계): 불안전한 행동 또는 불안전한 상태로서 하인리히를 비롯하여 프랭크버드의 연쇄이론에서도 가장 중요한 대책사항으로 취급되었다.
④ 사고 – 접촉(4단계): 육체적 손상 등 접촉단계에 해당된다. (* 사고는 4단계이다.)
⑤ 상해 – 손실(5단계): 신경·정신·육체적 영향인 외상과 질병 등 육체적 손상을 포함한다.

> ■ **버드의 재해순서 요약:**
> - 제어부족 – 기본원인 – 직접원인 – 사고 ▶ 제기직사
> - 관리결함 – 기원(기본원인) – 징후 – 접촉 – 손실 ▶ 관기징접손(* 그 거지 자식!)

(*^^ 이 외 "깨진 유리창 이론" 과 "스위스 치즈모델"의 사고발생 이론 등이 있다. ▶ 하버드유치)

2. 재난관리단계별 내용★★

재난의 생애주기에 따라 예방 및 완화단계, 대비(준비)단계, 대응단계, 복구단계로 분류된다.

예방 · 완화 (평상시) → 대비 · 계획 (징후) → 재난발생 → 대응 (직후) → 복구 (활동)

(1) 예방 및 완화단계- 평상시

평상시 재난을 사전에 예방하고, 재난발생 가능성과 피해를 최소화하기 위한 단계이다.

- 활동: 위험지도 작성, 재난취약시설에 대한 일제점검, 평상시 위험예지훈련, 안전기준 설정, 건축·소방법규의 마련, 방풍림 조성, 수해상습지구설정 및 방지공사. (예 점검, 법규제정)

(2) 대비(준비)단계- 재난 징후

재난발생 확률이 높아진 경우, 재난 후 대응을 위한 준비단계이다.

- 활동: 이 단계는 비상방송 시스템 구축(긴급통신수단 구축), 자원관리시스템 구축, 재난대비 비상계획과 훈련, 매뉴얼을 작성·운용, 대응능력의 향상 등이 있다. (예 구축, 대비훈련)

(3) 대응단계- 재난 직후

재난사태 선포(행정안전부장관) 후 재해확산 방지, 복구를 위하여 수습의 시작 단계이다.

- 활동: 응급대책의 단계로서 재난관리계획 실행, 재해대책본부 활동개시, 긴급대피계획 실천, 긴급의약품조달, 생필품 공급, 피난처 제공, 이재민의 수용 및 보호·후송, 수색 및 구조, 비상방송 시스템 가동 등의 활동이 포함된다. (예 가동, 수습시작)

(4) 복구단계- 안정 후

지원을 위한 특별재난사태 선포(대통령) 후, 어느 정도 안정 후 취하는 활동단계이다. (예 지원)

- 활동: 재해로 인한 피해지역의 원상 및 개량복구시켜 이재민을 지원하는 활동을 포함한다.

재난관리 4단계 주요단어

재난 관리	예방(평상시)	대비(징후)	대응(직후)	복구(안정후)
키워드	작성, 점검, 법제정, 교육	구축, 운용, 훈련	설정, 발령, 가동, 수립	지원, 조사, 회복

- 칠판 대신 학습하는

※ 재난법령 이야기

법령체제의 비교

1. 소방법령 (시·도 자치행정)

1. 소방청장
↓
2. 시·도지사
→ 3. 소방본부장 → 소방서장 / 소방서장 / 소방서장

2. 재난법령 (국가+시·도 자치행정)

① 대통령→ 특별재난선포권자(※ 1가지 업무)
② 국무총리→ 중앙(안전관리)위원장, 국가안전관리기본계획 5년마다 수립.(※ 2가지)
③ 행안부장관→ 재난안전상황실 운영자, 중앙대책본부장, 재난선포권자 등(※ 다수 업무)
④ 시·도지사→ 재난안전상황실 운영자 등 평상시 시·도 책임자
⑤ 시·군·구청장→ 재난안전상황실 운영자 등 평상시 시·군·구 책임자
⑥ 소방청장→ 중앙긴급구조통제단장(※ 차관급)
⑦ 소방본부장→ 시·도 긴급구조통제단장
⑧ 소방서장→ 시·군·구 긴급구조통제단장

☞ 평상시는 행·시·시가 재난 책임자이지만, 재난시는 청·본·서장이 선두 책임자가 된다.

국가행정 + 자치행정

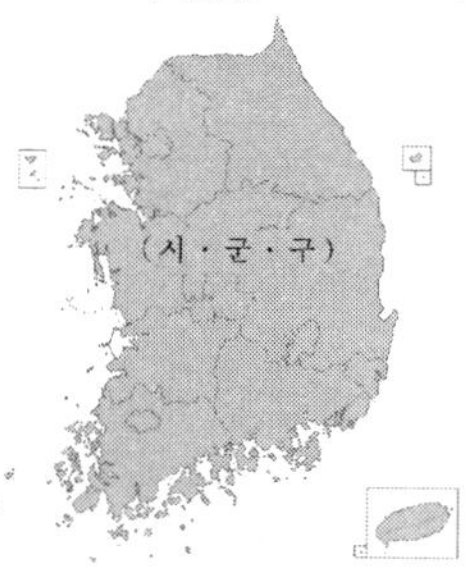

※ 재난법령은 "국가"와 "지방자치"를 함께하는 행정체제이다.

재난 및 안전관리기본법 구성(예습)★★★

1. 중앙(안전관리)위원회 (법9조)

- 위원장: 국무총리
  (* 간사: 행안부장관)

- 기능: 심의기관. (예 재난 혹은 특별재난 등을 회의.)
- 소속: 안전정책조정위원장: 행정안전부장관
  ↳ (* 심의 안건을 미리서 검토.)

⬇

2. 중앙(재난안전)대책본부 (법14조)

- 본부장: 행정안전부장관

- 기능: 대응·복구(수습) 등 총괄 조정하는 곳
  (* 해외재난: 외교부장관이 권한을 행사)
- 본부차장: 행정안전부 재난본부장
- 구성: 총괄조정관, 통제관, 담당관.

⬇

3. (긴급구조)통제단 (법49~50조)

- 중앙통제단: 소방청장
- 지역통제단:
  - 시·도: 소방본부장
  - 시·군·구: 소방서장

- 기능: 사건의 지휘, 현장에서 통제
  ▶ 사지현통
- 구성: 총괄지휘부·현장지휘대·자원지원부·대응계획부·긴급복구부 ▶ 3지 대계긴복

- 동일인물: 중앙재난안전대책본부장, 중앙대책본부장, 행정안전부장관, 안전정책조정위원장

4. 재난사태선포 (법25, 59조)

① 재난사태심의: 중앙위원회 → ② 재난선포권자: 행정안전부장관 → ③ 특별재난 선포권자: (중앙대책본부장 선포건의) 대통령이 선포

CHAPTER 2 재난 및 안전관리기본법

(※ 2004. 3. 11. 제정)

▶ 2022년 8월 23일까지 개정된 법령에 의하여 수록하였습니다.

1. 총 칙

【법 제1조】 목적

각종 재난으로부터 국토를 보존하고 국민의 생명, 신체 및 재산을 보호하기 위하여 국가 및 지방자치단체의 재난 및 안전관리체제를 확립하고 재난의 (예방, 대비, 대응, 복구와 안전문화활동,) 그 밖의 재난 및 안전관리에 관하여 필요한 사항을 목적으로 한다.

【법 제3조】 용어의 뜻★★

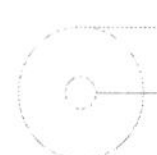

1. 재난의 뜻

① 자연재난: 태풍, 홍수, 호우, 강풍, 풍랑, 해일, 대설, 한파, 낙뢰, 가뭄, 폭염, 지진, 황사, 조류대발생, 조수, 화산활동, 소행성·유성체 등 자연우주물체의 추락·충돌 등 자연재해.

▶ 황해태풍 홍대 낙지가 조조강 호화 한폭우주(▶ 황해태풍 홍대 낙지가 조조강을 건너 호화스런 우주로.)

② 사회재난:

㉠ 화재, 붕괴, 폭발 및 교통(항공·해상)사고, 화생방사고, 환경오염사고 등으로 대통령령으로 정하는 피해 ▶ **암기**: 5사고: 교통·환경오염·화생방·항공·해상사고(▶ 교환학생 항해사고)

㉡ 국가핵심기반마비(에너지·교통수송, 정보통신, 보건의료 등) 감염병, 가축전염병확산.

▶ **암기**: 화붕폭 5사고 + 국(에교정보)감전 ＊ **오답**: 환경오염

2. 재난관리: 재난의 예방(완화), 대비(준비), 대응 및 복구를 위한 활동을 말한다.
3. 재난관리책임기관: 중앙행정기관, 지방자치단체, 지방행정기관 · 공공기관 · 공공단체 등.
4. 긴급구조기관: 소방청, 소방본부, 소방서.(해양재난: 해양경찰청, 지방해양경찰청, 해양경찰서)

   ▶ **암기**: 청본서 해해해 ＊ **오답**: 경찰청
5. 긴급구조지원기관: 긴급구조에 필요한 인력·시설 및 장비, 운영체계 등 긴급구조능력을 보유한 기관이나 단체로서 대통령령으로 정하는 기관과 단체. 예 경찰청
6. 긴급구조관련기관: 긴급구조기관, 긴급구조지원기관, 현장에 참여하는 자원봉사기관·단체.
7. 재난관리정보: 재난상황정보, 동원가능 자원정보, 지리정보, 시설물정보 ▶ 재동자지시
8. 안전관리: 재난, 각종 사고로부터 사람의 생명·신체·재산의 안전확보를 위한 모든 활동.

2. 안전관리 기구 및 기능 등★★

【법 제9조】 중앙안전관리위원회

1. 구성: 중앙위원회 위원장은 국무총리가 되며 간사는 행정안전부장관이 된다.
   또한 안전정책조정위원장은 행정안전부장관이며 그 간사는 행안부 재난본부장이 된다.
2. 심의사항
   ① 재난 및 안전관리에 관한 중요 정책의 사항, 국가안전관리기본계획에 관한 사항
   ② 재난사태의 선포에 관한 사항 및 특별재난지역의 선포에 관한 사항 등

■ **중앙위원회···› 조정위원회···› 실무위원회 비교**

- [법 9조] 중앙위원회: 국무총리(심의기관)···› 중요정책사항 심사·토의.(예 재난·특별재난선포)
  ↳ [법 10조] 조정위원회: ···› 중앙위원회 심의 안건을 미리서 검토하는 곳.
  ↳ [영 10조] 실무위원회: 재난본부장···› 중앙행정기관장이 실무를 협의·조정하는 곳

【법 제14조】 중앙(재난안전) 대책 본부 등

대규모 재난에 관한 사항을 총괄·조정하고 필요한 조치를 하기 위하여 중앙대책본부를 둔다.

1. 구성: 중앙(재난안전)대책본부장은 행정안전부장관으로 한다.
2. 임무: 대응, 복구 등의 사항을 총괄조정하고 조치한다.

• 해외재난: 외교부장관이 / • 방사능재난: 중앙방사능방재대책본부장이 권한을 행사한다.

【법 제19조】 재난안전상황실 등의 설치·운영(* 평상시 운영)

① 중앙재난안전상황실 설치운영자: 행정안전부장관
② 지역재난안전상황실 설치운영자: 시·도지사, 시장·군수·구청장

【영 제26조】 국무총리는 5년마다 국가안전관리 기본계획을 수립한다.
【법 71조의2】 행정안전부장관은 5년마다 재난 및 안전관리기술개발종합계획을 수립한다.

【법 제34조의5】 재난분야의 위기관리 매뉴얼 작성·운용

① 위기관리 표준매뉴얼	국가적 관리에서 재난관리 체계와 관계 기관의 임무·역할을 규정한 문서.
② 위기대응 실무매뉴얼	①의 기능과 역할에 따라 실제 재난 대응 시 필요조치·절차의 규정 문서.
③ 현장조치 행동매뉴얼	재난현장에서 직접임무 수행기관의 행동조치 절차를 수록한 구체적 문서.

3. 재난의 대응★★★

【법 제36조】 재난사태 선포

1. 선포권자: 행정안전부장관은 중앙위원회 심의를 거쳐 재난사태를 선포할 수 있다. (단, 긴급 시에는 중앙위원회 심의를 생략할 수 있다.)
2. 행정안전부장관은 긴급 시 재난사태를 선포한 경우에는 지체 없이 중앙위원회의 승인을 받아야 하고, 승인을 받지 못하면 선포된 재난사태를 즉시 해제하여야 한다.
3. 행안부장관·지방자치단체장은 재난사태가 선포된 지역에 대해 다음과 같은 조치를 할 수 있다.
   ① 해당 지역에 대한 여행 등 이동 자제 권고. ▶ 오답: 금지
   ② 해당 지역에 있는 행정기관 소속공무원의 비상소집.
   ③ 재난경보의 발령, 인력·장비 및 물자의 동원, 위험구역 설정, 대피명령, 응급지원 등 이법에 따른 응급처치.
   ④ 휴업명령 및 휴원·휴교 처분의 요청. 그 밖에 재난예방에 필요한 조치.

4. 긴급구조★★★

【법 제49조】 중앙긴급구조 통제단

1. 중앙통제단장: 소방청장.

> 【영 제55조】 중앙 및 지역통제단의 구성 및 운영
> ① 구성: 총괄지휘부, 대응계획부, 긴급복구부, 현장지휘대, 자원지원부 ▶ 현지, 총지, 자지, 대계, 긴복

【법 제50조】 지역 긴급구조통제단

1. 지역통제단장
   ① 시·도 긴급구조 통제단장: 소방본부장.
   ② 시·군·구 긴급구조 통제단장: 소방서장.

【지휘차】

- 시도는 소방본부장이 있으며, 시군구는 소방서장이 있으니 그들은 재난 시 곧 통제단장이 된다.

> 【영 제65~66조】 긴급구조 지휘대 구성 운영 등★★
> 1. 긴급구조지휘대의 구성은
> ① 안전담당요원 ② 경찰관서에서 파견된 연락관 ③ 자원지원요원 ④ 신속기동요원 ⑤ 권역응급의료센터 ⑥ 통신지휘요원으로 나눈다. ▶ 안경자신 권통(* 안경자신이 권총처럼)

5. 재난의 복구★★

【법 제60조】 "특별재난지역"의 선포건의

(중앙재난안전대책본부장)은 특별조치가 필요하거나 지역대책본부장의 요청이 타당할 경우 (중앙안전관리위원회)의 심의를 거쳐 대통령에게 특별재난 선포를 건의할 수 있다.

※ 중앙위원회심의 ⇨ 중앙대책본부장(행정안전부장관) 건의 ⇨ 대통령이 선포

■ • 재난: 행정안전부장관이 선포한다. / • 특별재난: 대통령이 선포한다.

【법 제61조】 특별재난지역에 대한 지원

1. 국가 또는 지방자치단체는 응급대책 및 재난구호와 복구에 필요한 행정, 재정, 의료, 금융상의 특별지원을 할 수 있다. ▶ **암기**: 행재의금 (＊**연상**: 형제가 의금부로), 하자구요, 호주가요

【법 제66조】 국고보조

국가 및 지방자치단체는 이재민의 생계안정을 위하여 다음의 지원을 할 수 있다.

① 사망자·실종자·부상자 등 피해주민에 대한 구호

② 고등학생의 학자금 면제 및 세입자 보조 등 생계안정 지원 ▶ **오답**: 대출

③ 주거용 건축물의 복구비 지원 및 공공시설 피해에 대한 복구사업비 지원

④ 주 생계수단인 농업·어업·임업·염생산업(鹽生産業)에 피해를 입은 경우 복구를 위한 지원

⑤ 농업인·임업인·어업인의 자금 융자, 농업·임업·어업 자금의 상환기한 연기 및 그 이자의 감면 또는 중소기업 및 소상공인의 자금 융자

⑥ 국세·지방세, 건강보험·연금보험료, 통신·전기요금 등의 경감 또는 납부유예 등의 간접지원

⑦ 그 밖의 중앙대책본부에서 결정한 사항

【법 제67조】 재난관리기금의 적립

매년도 최저적립금액은 최근 3년 동안 지방세법에 의한 보통세의 수입결산액 중 평균액이 1/100(1%)에 해당하는 금액으로 한다. (*^^ 경비는 요청한 쪽에서 부담한다.)

■【영 66조의3 및 제73의4조】 국민안전의 날 및 안전점검의 날 등

① 국민안전의 날은 매년 4월16일(세월호 침몰의 날)로 한다.
② 안전점검의 날은 매월 4일로 한다. ③ 방재의 날은 매년 5월 25일로 한다.

정리 책임별 각종권한

"재난 및 안전관리 기본법"에서 책임별 각종 권한을 비교하여 분석하면 다음과 같다.

국무총리	중앙위원회 위원장
행안부장관	중앙대책본부장
소방본부장	시·도 통제단장
소방서장	시·군·구 통제단장

<table>
<tr><td>중앙위원장</td><td>국무총리</td><td colspan="2">중앙통제단장</td><td>소방청장</td></tr>
<tr><td rowspan="2">중앙대책본부장</td><td rowspan="2">행안부장관</td><td rowspan="2">지역</td><td>시·도</td><td>소방본부장</td></tr>
<tr><td>시·군·구</td><td>소방서장</td></tr>
</table>

책임별	각종 권한
대통령	① 특별재난지역 선포권자
국무총리	① 중앙(안전관리)위원회 위원장(법 9조) ② 국가안전관리 기본계획수립(5년 마다)(영 26조)
행안부장관	① 재난선포권자(법 36조) ② 중앙(재난안전)대책 본부장(법 14조) ③ 안전정책조정위원장(법 10조) 및 중앙위원회 간사(법 9조) ④ 재난안전상황실 및 대체상황실 설치·운영자(법 18조) ⑤ 안전관리민관협력위원회 구성자(법 12조의2). ⑥ 재난 예방 긴급안전조치자(법 31조) ⑦ 정부합동안전점검단 실시권자(법 32조) ⑧ 재난안전통신망의 구축·운영자(법 34조의8) ⑨ 중앙재난피해합동조사단(제58조) 및 재난원인조사단(제69조) ⑩ 재난 및 안전관리 개발계획 수립(법 71조의2)
(행정안전부) 재난본부장	① 안전정책조정위원장 간사(법 10조)→ 실무위원장(영 10조) ② 중앙민관협력위원회 공동위원장(영 12조3) ③ 중앙대책본부 차장(영 15조)
소방청장	① 중앙(긴급구조)통제단장(법 49조) • 항공기 등 조난사고 계획수립·시행자(법 57조) • (긴급구조) 권역현장지휘대 설치·운영(영 65조)
소방청차장	중앙(긴급구조)통제부단장(영 55조)
시·도지사	- 시·도 책임자(지역위원장, 지역대책본부장) - ① 재난안전(대체)상황실 설치·운영(법 18조)
시장·군수· 구청장	- 시·군·구 책임자(지역위원장, 지역대책본부장) - ① 재난안전(대체)상황실 설치·운영(법 18조)
소방본부장 (지역)	① 시·도 긴급구조 통제단장(법 50조) • (긴급구조) 방면현장지휘대 설치·운영(영 65조)
소방서장	- 시·군·구 긴급구조 통제단장(법 50조)

PART 3

소방공학

한눈목차 한눈으로 학습하는 공학이론 순의 내용

➓ 공학론 기초용어 및 개념

1 화재이론
- **1** 화재의 정의
- **2** 급수의 화재
  - (1) 일반화재 (A급, 백색) → F·O / 연료·환기지배형 / 목조·내화조
  - (2) 유류화재 (B급, 황색) → 보일·슬롭·후르스·오일오버, 링파이어
  - (3) 전기화재 (C급, 청색)→ 단락·누전·과전류·정전기·저항·유도·유전열
  - (4) 금속화재 (D급, 무색) → 물+= 수소 등 가연성 가스 발생
  - (5) 가스화재 (E급, 황색) → LNG(메탄), LPG(프로+부탄), 선화·역화
  - (6) 주방화재 (K급 무색) → 식용유화재
  - (7) 화재용어 등 → 화재화중, 화재강도, 화재가혹도, 임야화재, 훈소.

2 연소이론
- **1** 연소의 정의
- **2** 연소의 (4)요소
  - (1) 가연물
  - (2) 산소공급원
  - (3) 점화원
  - (4) 연쇄반응
    - ① 불꽃연소 → 발염연소→ 표면화재
    - ② 작열연소 → 무염연소→ 심부화재
- **3** 인화점
- **4** 연소점
  - ①기체의 연소 → 확산·예혼합·폭발
  - ② 액체의 연소→ 증발·분해·분무·등심
  - ③ 고체의 연소 → 증발·분해·표면·자기
  - ④ 연소와 공기, 탄화수소계(메·에·프로판)
  - ⑤ 연소속도 , 산화·환원이야기, 화학결합
- **5** 발화점 ― 자연발화
  - ① 분해열 → 니·셀·리 3털렌
  - ② 산화열 → 석·기·황·금·원·고
  - ③ 발효열 → 퇴비, 먼지, 곡물
  - ④ 흡착열 → 목탄, 활성탄
  - ⑤ 중합열 → HCN, 산화에틸렌
- **6** 연소의 (4대)생성물
  - (1) 연소가스 → CO, CO_2 등, 연소범위, 위험도, 기체식
  - (2) 불꽃 → 화재확대원인, 화염의 전파속도
  - (3) 열 → 열용량계산식, 열의 전달(전도·대류·복사)
  - (4) 연기 → 연기이동, 굴뚝효과, 중성대, 감광계수, 제연

3 폭발이론
- **1** 폭발의 개념·정의
  - (1) 화학적폭발 → 분해·산화·중합·반응폭주·촉매폭발
  - (2) 물리적폭발 → 증기·수증기·폭발성화합물 폭발·폭발적증발
- **2** 블래비 현상 ― • 액적화증가발스폭발,(10분 후) → 파이어볼 형성(1,500 ℃)
- **3** 폭발의 제반사항 ― • 분진폭발(밀수입 감소) / 폭굉과 폭연
- **4** 백드래프트 ― • 구획실에 산소유입으로 CO 폭발(25%)

4 소화이론
- **1** 소화방법
  - (1) 화학적소화 - 억제(부촉매)
  - (2) 물리적소화 - 질식·냉각·제거 / 유화·희석(그외 피복·방진·탈수)
- **2** 소화약제
  - 수계
    - (1) 강화액 → 물+탄산칼륨 첨가함 / 냉각·억제·질식
    - (2) 산·알칼리 → 황산+중조=CO_2 함으로 방사 / 냉각·질식
    - (3) 물, 물분무 → 봉상·적상·무상 / 냉각·질식·유화·희석효과
    - (4) 포 → 수성막포 등 / 질식·냉각·유화효과
  - 가스계
    - (5) 이산화탄소 → 질식·냉각·피복효과
    - (6) 할론 → 1301 등 / 억제·질식·냉각효과
    - (7) 할로겐화합물 및 불활성기체 → 질식·냉각 등
    - (8) 분말 → 제3종분말 등 / 억제·질식·냉각효과.

● 유체이론

3편 접근 목차 접근성 이야기

소방공학이론의 분석

제1장 화재이론은 연소이론 이후의 이론이지만 화재이론부터 학습하면 개념이 The 쉬워진다.

본 이론은 단순 이론으로서 A급~K급화재까지 학습하면 연소의 주요 개념을 만날 수 있다.

- A급: 플래시오버(F/O), 목재구조화재 및 내화구조 화재를 중심으로 구성되어 있다.
- B급: 유류탱크 이상현상에서 각 4가지 "오버" 의 용어해설을 충분히 이해하도록 한다.
- C급: 전기화재발생원인, 정전기방지방법, 전기는 보이지 않는 학문이지만 어렵지 않다.
- D급: 금속(가루) 화재 시 만약 물과 혼합되었을 때의 이론과 소화의 이해가 요구된다.
- E급: LNG, LPG 특성과 리프팅, 백파이어 이상 현상을 중심으로 펼쳐진 이론이다.

  (* 백파이어 현상이 어렵다면 리프팅이 아닌, 다양한 역화의 이상현상으로 학습한다.)
- K급: 주방화재로서 식용유화재에 대한 원인과 소화효과 이해를 요구한다.(p69 하단)

\- 그 외 화재용어인 화재하중, 화재강도, 화재가혹도의 용어해석이 필요하다. -

제2장 연소이론은 어려운 이론이다. ① 연소의 기본적인 용어와 ② 연소의 4요소 관련 이론과 ③ 인화점, 연소점, 발화점의 관련 이론, 그리고 ④ 연소의 4대 생성물의 심화 이론이다.

먼저 넓게 단어를 익히고 그 단어를 중심으로 개념을 조금씩 잡아가야 한다.

(* 수업 당시는 이해한 것 같지만, 어떤 문제에서 단어가 변경되면 확신을 갖지 못한 사람은 아직 단어 개념을 위주로 그 관련 학습이 조금 더 필요하다. - 단어는 곧 사람이 만든다! 그러므로 그 단어를 직역하고 혹은 거꾸로 하면 어느 정도 단어 해설을 짐작하게 된다.)

연소론은 소방학에서 가장 원론적인 개념을 잡고 특성과 그 개념적 소방을 알리는 이론이다.

제3장 폭발이론은 연소이론 정도의 난도인데 화재이론 학습 때 어느 정도의 연소이론을 가미했고 또한 연소이론을 거쳐서 폭발이론까지 왔으므로 폭발이론은 어렵지 않게 학습하게 된다.

폭발이론은 ① 폭발의 종류 ② 분진폭발 ③ 블래비현상 ④ 백드래프트 이 4가지가 핵심이다.

여기서 다소 어려운 개념은 분진폭발인데 이는 "분진폭발 촉진조건" 을 먼저 이해하면 쉽다.

제4장 소화이론은 연소이론이나 폭발이론에 비해 훨씬 쉽다,

화학기호가 있는 듯 한데 이는 약제의 명칭으로 어렵지 않는 꽤 흥미있는 차터이다

① 소화의 원리를 먼저 이해하고 그 원리에 ② 소화약제 8가지를 접목해야 곧 쉬워진다.

결과는 원인이 있기 때문이다, 원인은 연소의 4요소를 연결시켜 이해하면 쉽게 된다.

(가연물= 제거소화, 산소공급원= 질식소화, 점화원= 냉각소화, 연쇄반응= 억제소화.)

또한 소화약제는 수계와 가스계를 구분하여 물성(물리적 성질)과 대상물을 고려하여 A급·B급·C급화재 등의 소화에 적용시키도록 한다.

결국 소방공학이란? 보편적인 진리나 법칙의 발견을 목적으로 한 체계적인 지식의 파트이다.

CHAPTER 1 화재이론

▶ The쉬운 학습을 위해 화재이론부터 수록하였습니다.

01 화 재

1. 화재의 정의

화재란 실화*, 방화, 자연발화에 의한 것으로서 정상적인 생활인의 뜻과는 관계없이 인명과 재산의 손해를 주면서 일어나는 물질의 연소현상으로 그 특성은 우발성, 확대성, 불안정성으로 구분한다.

① 사람의 의도에 반(反)하거나 고의에 의하여 발생하는 연소현상

② 출화,*방화*에 의하여 불이 발생·확대되는 현상으로서 경제적 손해를 주는 현상

③ 자연적·인위적 원인으로 불이 물체를 연소시키고 인명과 재산에 손해를 주는 현상

----*

불이 그 사용 목적을 넘어 다른 곳으로 연소하는 현상은 화재에 해당되지만 불이 붙었다가 꺼져버린, 자연진화된 불은 화재로 보지 않는다.

"화재조사 및 보고규정"에서 화재의 정의.

- 화재조사 및 보고규정: "사람의 의도에 반하거나 고의에 의해 발생하는 연소 현상으로서 소화시설 등을 사용하여 소화할 필요가 있거나 또는 화학적인 폭발현상"을 말한다.

(*^^ 과학상의 화재: 가연물이 공기 중의 산소와 화합하여 열과 빛을 발하는 급속한 산화반응 현상.)

(*^^ 화재의 개념: 불은 좋은 불과 나쁜 불이 있다. 좋은 불은 주방 등에서 사용될 수 있으며 나쁜 불은 우리의 뜻과 상관없이 일어나는 불이므로 소화시설 등으로 소화를 해야 하는 화재라고 생각하면 쉽다.)

화재로 간주되기 위한 3가지 조건

① 사람의 의사에 반하여 발생할 것

② 소화 효과가 있는 것을 사용할 것

③ 소화의 필요가 있을 것

※ ①②③항 중 하나라도 해당되지 않으면 화재로 간주되지 않는다.

(*^^ 그러나 화학적인 폭발현상의 경우는 ② ③의 유무에 관계없이 화재로 본다.)

---

* 출화: 불이 남. * 방화: 고의로 불을 냄. * 실화: 잘못하여 실수로 불을 냄.

02 화재의 분류

일반적으로 물질의 종류와 성상*에 따라 화재의 급수를 분류하고 있다.
급수는 나라별로 구분하는 방법이 차이가 있고 국내에서는 통상 B급을 E급과 같이 묶어 분류하고 있으나, 세계적으로 화재는 다음과 같이 분류하고 있다.

급수에 따른 화재의 분류★★

급 수	종 류	표시색상	내 용
A급	일반화재	백 색	목재, 섬유, 고무류, 합성수지 등
B급	유류화재	황 색	인화성 액체 등 기름 성분인 것.
C급	전기화재	청 색	통전(通電)* 중인 전기 설비 및 기기의 화재
D급	금속화재	•	알루미늄분, 마그네슘분 등의 금속가루의 화재
E급	가스화재	황 색	LNG*, LPG*, 메탄, 프로판 등 (*국내: B급으로 봄)
K급	주방화재	•	키친에서 동식물유를 취급하는 조리기구에서의 화재

▸ **암기**: 일류전금가주 (* **연상1**: 일류전은 평화에 금가 **연상2**: 일류학교 정근가줘)
▸ **암기**: 백황청무황무 (* **연상**: 백 개의 황금보다 청렴하게 무황이 낫다)

■ **보충(Tip)**

- A급: 황(S) 성분 등으로 재를 남기며, B급은 재를 남기지 않는다.
- B급: 오일, 타르, 석유그리스, 솔벤트, 래커(퍼티), 송진, 고무풀 등 기름성분.
- C급: 전기다리미 창고의 불은 A급, 전기다리미질을 하다 불나면 C급화재.
- D급: 가연성 가스 발생으로 물로 끌수 없고 모래, 팽창질석 등으로 끈다.
- E급: 국내는 B급으로도 본다.(* 소화적응 표시색상도 B급, E급은 같다.)

K급: 식용유 요리 중 휴식 약 10분 정도면 식용유는 약 365℃ 되며 저절로 발화된다.

소화기 적응성에 대한 색상★

1. 일반 화재용은 백색의 원형 안에 흑색문자로 "A급"
2. 유류 화재용은 황색의 원형 안에 흑색문자로 "B급"
3. 전기 화재용은 청색의 원형 안에 백색문자로 "C급"

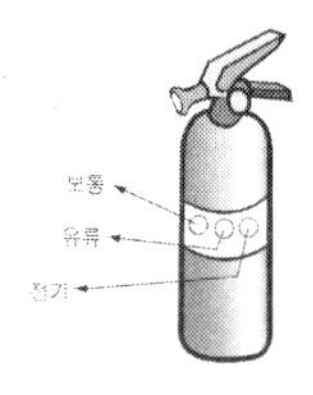

---

* **성상**: 사물의 성질과 상태 * **통전**: 전기가 통함. * **유류**: 기름종류의 총칭
* **LPG**(액화석유가스): 석유 속의 탄화수소가스를 뽑아서 액화시킨 것으로 프로판, 부탄이 주성분
* **LNG**(액화천연가스): 석유가 든 지층에서 나온 메탄을 주성분으로 한 가스를 액화시킨 것
* **도시가스**: 가스관을 부설하여 가정, 공장에 연료용으로 공급되는 가스. 주로 LNG가 이용됨.

1. 일반(A급) 화재의 성상

(1) 실내 화재[51]

일반화재는 A급 분류 화재로써 실외 화재인 쓰레기불 등은 다루지 않으며 실내 화재만을 다룬다. 일반화재는 화재발생 시 생성된 연기는 주로 백색이며 연소 후에는 재를 남긴다. 화재는 발화기* ⇨ 성장기 ⇨ 최성기 ⇨ 감쇠기 순으로 진행된다.

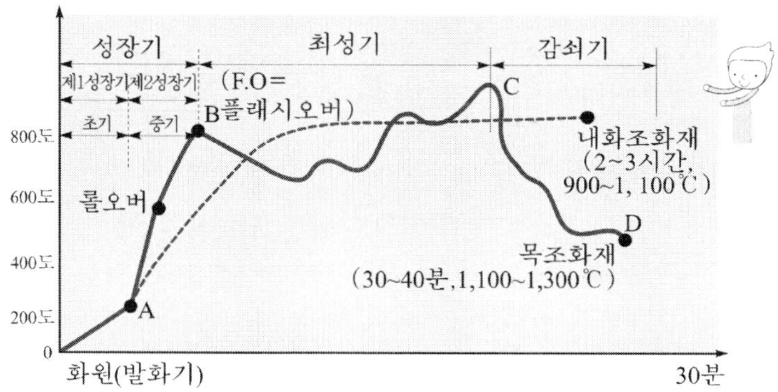

실내화재의 단계를 살펴보면 다음과 같다.

① 화원(O): 가연물이 공기 중에서 산소와 반응하여 빛과 열을 내는 초기의 단계이다.

② 성장기(O~B)

㉠ 1성장기(O~A): 초기단계를 거치면서 크게 상승하지 않는 발화단계, 백색연기가 나옴.

㉡ 2성장기(A~B): F.O에 이르는 단계로서 실내가 순간적으로 화염이 충만한 단계로서 개구부에서 세력이 강한 흑색 연기가 분출한다. 이는 중기상태라 할 수 있으며, 중기는 최성기직전으로서 F.O 발생시기에 해당되며 화재의 상황변화가 가장 격렬하고 다양하다.

③ 최성기(B~C): F.O현상이 진행되며 연기의 양은 적어지고 화염이 충만하여 그 분출이 강해지며 실내온도가 최고 온도점에 이르며 천장, 대들보 등이 내려앉는 단계이다.

④ 감퇴기(C~D): 화재의 세력이 부분 소멸되고 연기의 발생도 거의 정지단계이다.

---

* 발화기: 불이 난 시기(화원에 해당됨) * 최성기: 최고성장기 * 구획실: 막혀있는 공간
* 내화조: 철근콘크리트 등 불에 견딜 수 있는 구조. 내화구조. * 목조: 목재구재 * 찬공기: 신선한 외부 공기
* 롤오버: 화재 중기에 작은양의 가스가 천장을 구르면서 압력차이로 (불길과 함께) 밖으로 빠져나가는 현상.
* F.O: 천장에서 반사된 열이 바닥의 모든 가연물을 분해시키면 분해된 가스가 불이 붙어 실 전체를 순식간에 확대 현상으로 20kW/㎡가 초과된 복사에너지가 주 원인이다.(* F/O 상태의 열 발산율은 약 10,000kW이다).
* 개구부: 통풍·채광·환기·출입목적으로 열린 구멍으로서 개구부가 크면 공기(산소)공급이 원활하여 불이 확대됨.

(2) 플래시 오버(flash over)★★★

① 정의 및 진행과정

거의 밀폐된 공간에서 실내화재가 발생할 때, 천장으로 반사되는 복사열 때문에 바닥에 있는 실내 모든 가연물이 분해되어 다량의 가연성 가스를 발생하고 더불어 불이 전이되어 실내 전체에 순간적으로 연소가 확대되는 현상이다.

즉, 천장에는 뜨거운 열과 가스가 축적되고 ㉠ 복사열에 방해가 되는 진하고 두꺼운 연기는 아래에 쌓이고 바닥면 위에 분해된 내장재의 가연성 가스가 공기 중 산소와 혼합하여 화염에 확대되는 ㉡ 순간적인 자유연소 확대현상 또는 폭발적인 착화현상이라 한다.(* 폭발은 아님)

- F/O는 비정상연소로서 ㉢ 주원인은 복사열이다. 실내의 내장재 및 물품 등이 복사열과 대류현상에 의해 불이 붙고 화재가 성장하다가 축적된 가연성 가스가 개방된 개구부에 의해 산소를 공급 받아서 폭발적으로 실내 전체가 화염에 휩싸이는 ㉣ 전실화재로서 실외기상의 영향을 받는다. 또한 성장기에서 ㉤ 최성기로 변화하는 F/O(성장기 → F/O → 최성기)는 일반적으로 목재구조건축물의 경우 약 5~6분, 내화구조 건축물은 20~30분이면 발생될 수 있으며 연소는 ㉥ 가연재료 → 난연재료 → 준불연재료 순으로 진행된다.

② F.O 현상의 영향조건★

㉠ 화원의 크기: 화원의 위치와 크기를 말하며 화원이 크면 발생·진행 시각이 빠르다.

㉡ 내장재의 종류: 실 내부에 수납된 가연물의 양과 그 성질을 말하며 벽재료보다 천장재가 발생시각에 큰 영향을 미친다.

㉢ 개구부의 조건: 실내부에 설치된 창의 높이, 면적, 개구부 위치 및 크기를 말하며 밀폐된 공간보다는 개구부가 클수록 발생시각이 빠르다.

▶ **암기**: 화내게 (* **연상**: F.O영향조건을 기억하지 못하면 화를 내게) * **오답**: 방화구획

③ 온도 및 열 발산율: 연기층 가스온도 약 500~650℃(목조화재 800~900℃)가 된다.

■ **핵심: 화재 시 위로 복사된 열이 천장에서 반사 → 바닥의 물품이 분해되면서 가연성가스 발생 → 그 가스와 함께 전체의 실내(전실)가 화염에 휩싸이는 순발(순간)연소이다.**

【플래시오버의 원리】

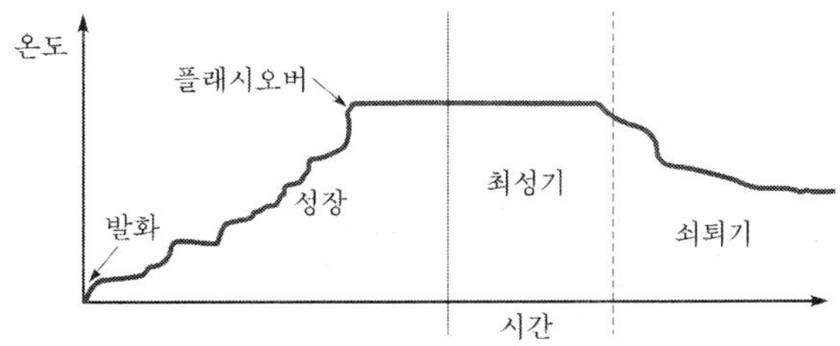

2. 유류(B급) 화재의 성상

(1) 유류 저장 탱크의 화재★★

소방학에서 배우는 공학의 학문은 원리와 특성의 개념에 대하여 학습하고 있다.
또한 공학 이론은 일반적으로 우리생활의 비정상적인 현상에 대하여 학습하고 있다.
유류 화재에서도 일반 화재의 플래시오버를 비롯하여 비정상적인 이론으로 주로 탱크의 뚜껑이 없는 상태에서 화재가 발생하며 유류 저장탱크의 비수용성(에멀션)현상으로, 원인에 따라서 나타나는 현상도 각각 다르다.
그 종류로는 보일·슬롭·후로스오버, 오일오버, 링파이어가 있다. 

▶ **암기**: 오슬링 후보 (* **연상**: 오슬링후보가 유류화재 종류를 얘기한다) * **오답**: 훈소, FO, 블래비, 롤오버

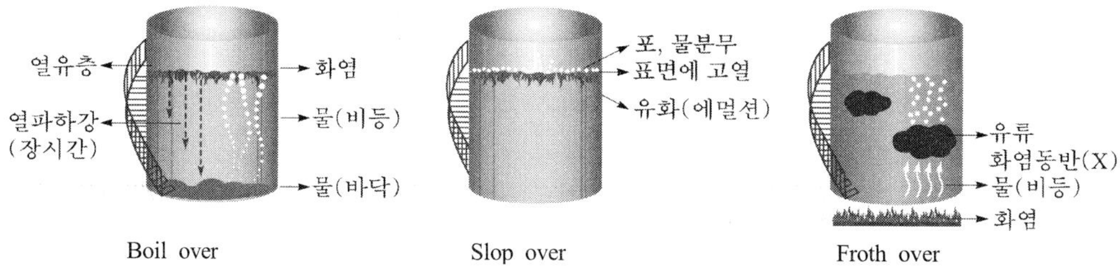

【유류탱크 이상현상】

각종(유류오버) 이상 현상의 비교

종 류	발생 원리
보일오버	탱크 내 바닥에 물이 보일되어 그 수증기에 의해 탱크 내 유류를 오버시키는 현상이다. (* 기름 위에 불이 붙어 그 유면(표면)에 뜨거운 열유층을 형성하게되고 그 열의 파장이 장시간 바닥까지 도달하면 찌꺼기와 함께있는 바닥의 물이 보일되게 된다.)
슬롭오버	탱크 내 유면이 100℃ 이상인데 유류표면에 소화용수가 유입되면 기름 표면(액면)에서 접촉되면서 물이 급비등으로 수증기가 되어 팽창함에 따라 유류를 탱크외부로 분출시키는 현상이다. (예 가정에서 식용유에 튀김을 넣을 때 튀는 현상과도 같다.)
푸로스오버	탱크 내 물과 기름이 섞이지 않고 함께 있는 상태에서 화재 등 탱크 외부의 열에 의해 탱크 내 유류표면 아래에서 먼저 물이 끓게 되고 발생된 거품과 함께 넘치는 현상. - 탱크 내에는 화염을 동반하지 않고 탱크벽에서 열을 가하는 상태이다. (예 도로포장을 하는 아스팔트차의 끓는 물탱크에 기름 덩어리를 녹이다가 넘치는 현상.)
핵심단어	장시간, 바닥: 보일오버 / 표면, 식용유: 슬롭오버 / 표면 아래, 아스팔트: 푸로스오버

---

* 열가소성(熱可塑性): 가열하면 녹는 성질.
* 열경화성((熱硬化性): 가열해도 녹지 않는 성질
* 보일(Boil): 끓다 * 슬롭(Slop): 튀기다 * 푸로스(froth): 거품, 엎지름 * 링(Ring): 고리 * 오일(oil): 기름

① 보일오버(Boil over) 현상**

탱크 바닥에 찌꺼기 등과 함께 물이 존재할 때 화재가 발생하면 유류액면 (위쪽)에서 형성된 고열파가 바닥에 전달되어 바닥의 물이 끓어 오르면서 유류가 넘치는 현상.

㉠ 중질유(점성이 많은 유류) 저장 탱크에서 화재가 장시간 발생할 때 갑자기 유류가 탱크 밖으로 분출되는 현상

㉡ 탱크바닥에 물과 기름이 에멀션으로 존재할 때 물이 갑자기 비등하여 분출되는 현상

㉢ 유류탱크 화재 시 액면에 열유층*이 생성되어 이 열이 서서히 탱크바닥으로 도달했을 때 물과 기름의 에멀션(유화)*이 부피팽창을 하면서 기화되고 탱크 내 유류가 갑자기 밖으로 분출하여 화재를 확대시키는 현상이다.

– 보일오버 현상이 일어나기 위한 조건은 다음과 같다.

㉠ 뚜껑(지붕)이 없는 개방된 탱크에 화재가 장시간 진행해야 한다.

㉡ 외부에서 수분이 침투되거나 탱크바닥에 수분을 함유한 찌꺼기가 있어야 한다.

㉢ 여러 종류의 비점을 가진 불균일한 고점도 유류로 거품을 형성할 수 있어야 한다.

▶ **암기1**: 장시간, 바닥(중질유, 에멀션) ▶ **암기 2**: 장바보 (* **해설**: 이러한 단어는 주로 보일 오버)

■ **개념:**

불균일한 비점을 가진 중질유 등의 탱크 바닥에 찌꺼기와 혼합되어 있는 물이 끓어(Boil) 수분의 급격한 부피팽창에 의하여 기름을 탱크 외부로 넘치게(over)하는 현상이다.

② 슬롭오버(Slop over) 현상

물보다 비등점이 높은 점성을 가진 유류에 물이 접촉될 때 유류 표면온도에 의해 물이 수증기가 되어 팽창·비등함에 따라 유류를 외부로 비산시키는 현상으로 슬롭오버는 유류표면으로 한정되어 보일오버보다 그리 격렬하지는 않다.

㉠ 뜨거운 유류 표면에 물이 들어갈 때 발생하는 over flow*현상.

㉡ 탱크 내 유류 표면온도가 100℃ 이상일 때 소화용수를 주수하면 수증기로 변하거나 부피팽창으로 인해 유류를 외부로 비산시켜 탱크 밖으로 분출시키는 현상.

㉢ 감자를 뜨거운 식용유에 넣을 때 감자의 수분이 비등하면서 식용유가 분출하는 현상.

(* **해설**: 표면, 식용유, (소화용수) 이러한 단어들은 주로 슬롭오버를 묻는 문제임)

■ **개념:**

유류탱크 액표면에 100℃ 이상 고열이 있는 상태에서 물분무나 포를 방사하면, 물과 기름이 섞이지 않고, 끓는 기름에 의하여 물이 유류 표면에서 튀면서(Slop) 수증기화되어, 갑작스러운 부피 팽창으로 유류가 탱크 밖으로 비산·분출(over)되는 현상이다.

③ (푸)후로스오버(froth over) 현상

푸로스오버는 물질이 넘쳐 흐르는(over flow) 단순한 물리적 작용으로 대부분 물이 든 탱크에 점성이 큰 아스팔트 등을 넣을 때 발생하며

탱크 안은 "화염을 동반(수반)하지 않는다."

① 고점도 유류표면 아래에서 물이 끓을 때 화재를 수반하지 않고 유류가 넘치는 현상.

② 고점도 유류탱크 속에 물이 함께 들어있는 상태에서 어떤 화재나 고열이 외부에서 가해질 때 고열의 탱크벽에 의하여 탱크 내 물이 갑자기 끓어 내용물을 넘치게 하는 현상이다.

■ **개념:**

물과 기름이 함께 있을 때 뜨거운 열에 의해 넘치는 현상- 화재를 수반(동반)하지 않는다.
(탱크에서 열에 의해 기름만 끓지 않고 기름과 물이 약간 혼합된 상태에서 함께 끓는다.)
예 1 물이 끓고 있는데 기름이 섞이니까 거품을 일으키면서 넘치는 현상이다.
예 2 물이 채워진 탱크차에 아스팔트를 넣고, 탱크 외부에서 열을 가하면 이때 아스팔트와 물이 섞여 혼합 거품(froth)을 생성하게 되고 이것이 팽창하여 분출(over)하는 현상이다

④ 링파이어(Ring fire)

탱크화재 시 액면에 불꽃이 치솟는다. 이때 유류표면에 포소화약제를 방출하면 탱크 액면의 중앙부분은 산소가 차단되어 불꽃이 꺼지지만 탱크 벽면은 귀걸이(Ring) 모양의 링처럼 불길이 지속되는 현상이다.

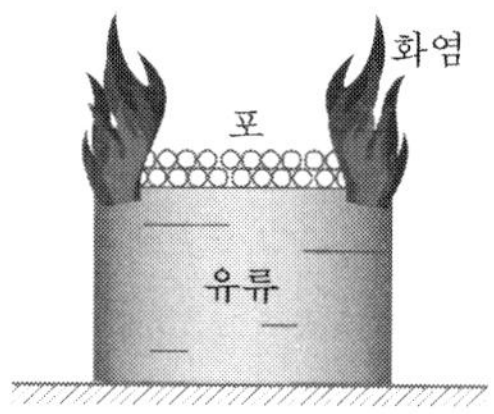

【링파이어】

⑤ 오일오버

탱크 내 유류가 50% 이하 저장된 경우 화재 시 내부압력으로 인한 폭발현상을 말한다.

※ 풀파이어(Pool fire): 가연성 액체가 저장탱크 혹은 흘러서 고인 웅덩이 등에서 일정한 액면이 대기 중에 노출되어 열에 의해 불이 붙는 액면화재를 말한다. (* Pool: 웅덩이)
※ 제트파이어(jet fire): 고압의 LPG 누출 시 주위의 점화원에 의하여 불기둥을 형성하는 것.
※ 플래시파이어(Flash fire): LPG 누출 시 점화원에 의해 화재가 발생된 현상. 강도가 약하다.

각종(오버) 이상 현상의 비교

종 류	대상물	화재동반	발생점	원 리
플래시오버	일반화재	O	가연물의 열의 축적	순간적인 연소의 확대 현상
롤오버	〃	O	실내 가연물(천장)	F·O 전, 가스가 천장을 구르는 현상
보일오버	유류화재	O	탱크 내 유류 바닥	수증기에 의해 기름이 비산하는 현상
슬롭오버	유류현상	x(o)	탱크 내 유류 표면	〃
푸로스오버	〃	x	탱크 내 유류표면아래	물의 증발로 기름의 거품을 밀어냄
오일오버	〃	x	탱크 내(50%↑)의 공간	열의 가열로 인한 탱크 파열현상

3. 전기(C급) 화재의 성상

전기화재는 전기가 통하고 있는 상태(통전)의 화재 발생을 말한다.(* 전기다리미가 적재된 창고에서 불이 났다면 일반화재이고 / 일반 가정주택에서 누전으로 불이 났다면 전기화재이다. 발생 원인은 단락, 과전류, 누전, 낙뢰, 정전기, 유도열, 유전열, 아크, 저항열, 지락 등이다.)

(1) 정전기

이동치 않는 정지된 상태를 나타낸 전하를 정전기(static electricity)현상이라 한다.
정전기발생 원인은 전기부도체인 섬유류, PVC film 마찰, 자동차의 장기간 주행 시 와류가 형성되어 유체 마찰이 클 때, 자동차나 옥외탱크에 석유류 주입 시 등에 발생된다.

① 정전기 발생방지 방법

㉠ 접지시설(도체*를 사용)을 하는 방법
㉡ 공기를 이온화하는 방법
㉢ 상대습도를 70% 이상으로 높이는 방법이 사용된다.

▶ **오답:** 부도체를 사용한다, 피뢰설비를 한다. 절대습도를 70% 이하로 한다. 마찰을 크게한다.

정전기와의 개념 비교

구 분	정전기	분진폭발	자연발화
발 생	습기가 없을 때(주위에)	습기가 없을 때(티끌에)	습기가 있을 때(공간에)
방 지	상대 습도 70% 이상	옥외로 배출	습기가 높은 것을 피함
개 념	부도체(유류 등)마찰 시	가연성 미분	고온 다습(후덥지근)

※ 정전기는 지구에도, 공기 중에도, 사람 몸에도 존재하며, 주로 부도체의 마찰로 생긴다.

전기화재발생원인 ▶ 단과 누락 정도전 아저씨

구 분	내 용
① 단락열	합선의 전기적 의미의 열을 말한다.
② 과전류	본디 허용된 전류를 초과한 전류. (* 過: 지나칠 과)☆
③ 누 전	누설전류 발열량이 누적되어 가연성 기체 등을 발화.)☆
④ 낙 뢰	구름에서 형성된 벼락이 땅으로 낙하현상.(* 피뢰: 낙뢰 피함.)
⑤ 정전기	부도체 마찰에 의해 외부로 나타나는 열 (예 마찰전기)
⑥ 유도열	도체(전선) 주위의 자장 변화로 전류의 흐름에 대한 저항열
⑦ 유전열	도체의 절연불량(피복불량 등)으로 미세하게 발생되는 열. (예 누설전류)
⑧ 아크열	접점이 느슨하여 전류가 단절 시 발생. 전기불꽃(전기스파크, Arc),전호열.
⑨ 저항열	전기에너지가 흐르지 못하고 열에너지로 나타나는 열 (예 전구, 전기장판)
⑩ 지 락*	도체가 땅에 떨어져 흐르는 고장 전류(* 저용량은 누전, 고용량은 지락)☆

4. 금속(D급) 화재의 성상*

금속화재를 일으키는 물질은 대부분 물과 반응하여 가연성 가스(주로 수소)를 발생시킨다. (금속)칼륨, (금속)나트륨 등은 수분과의 접촉으로 가연성 수소가스 등을 발생하므로 피해야 하며, 물이 주체로 된 물, 물분무(안개모양), 포(거품, 포말) 소화 등은 절대 사용될 수 없다. 소화방법은 팽창질석, 팽창진주암, 건조사, 건조분말, 금속화재용 분말소화약제 등이 있다.

5. 가스(E급) 화재의 성상*

(1) 가스화재 관리(엘엔지와 엘피지)

LNG 및 도시가스는 메탄*(CH_4) 등 가벼운 물질이 주성분이기 때문에 누설 시 공기보다 비중이 약 2배 가벼워 천장으로 올라간다. LPG는 프로판(C_3H_8)과 부탄(C_4H_{10})의 주성분으로 기체상태는 공기보다 1.5배~2배 비중이 무거워서 누설 시 바닥으로 체류된다.

① 가스누설경보기를 설치 시 LNG와 도시가스는 천장으로부터 하방 30cm(수평거리 8m) 이내, LPG는 지면으로부터 상방 30cm(수평거리 4m) 이내에 설치한다.

② 가연성 가스가 누출되었을 때에는 "메르캡탄"이라는 부취제로서 냄새를 확인할 수 있으니 먼저 밸브를 잠그고 가스의 종류에 따라 신문이나 빗자루로 쓴다든지 물을 분사시켜 누출가스를 분산시키고 가스저장용기가 폭발되지 않도록 충분한 냉각수를 뿌린다.

③ 가스 누출 시 환기팬, 배기팬의 전기스위치 등을 동작시킬 때 전기스파크를 일으켜서 폭발할 수 있으니 절대 동작시키지 않는다.

④ LPG 특성은 무색, 무취로서 공기 중에서 쉽게 연소, 폭발하는 위험성을 가지고 있다. 물에는 녹지 않으나 휘발유 등 유기용매에 용해되고 천연고무를 잘 녹인다.
LPG는 액화상태는 물보다 2배 가볍고, 기체상태는 공기보다 1.5~2배 무거워 누설 시 바닥으로 체류한다. 성분은 프로판, 부탄 외 프로필렌, 부틸렌, 약간의 에탄, 에틸렌, 펜탄 등이 있다.

⑤ LNG와 LPG의 사용처는 LNG는 −162℃에서 600배 압축하여 선박 등을 통하여 수입되어 발전용의 대형가스기관과 시내버스, 식품의 냉장 냉동에 사용하고 있으며, LPG는 상온(15℃)가압 하에 액화되며 승용차·주택 연료로 사용하고 있다.

LNG와 LPG의 일반적 특성의 비교

구 분	주성분	비중(공기)	가스누설탐지부
LNG(액화천연가스)	메탄(CH_4)	공기보다 가볍다.	천장면에서 30cm
LPG(액화석유가스)	프로판(C_3H_8), 부탄(C_4H_{10})	공기보다 무겁다.	바닥면에서 30cm

(2) 가스연소의 이상현상

가스버너 등의 연소 시 산소 부족이나 노즐이 막히면 CO가 많이 발생하고 황적색 불꽃(황염)이 연소기 내부로 나오는 등 비정상연소가 일어난다.

① **리프팅**(lifting, **선화**)

연소되는 속도보다 〈 가스 분출속도가 클 때이다.

㉠ 가스가 너무 많아 불꽃이 노즐에서 떨어져서 연소하는 부상화염 현상.

㉡ 노즐 구멍이 먼지로 막혀 좁아져서, 내부압력의 증가로 가스분출속도가 커진 경우.

■ 비교 ① 리프팅: 가스(분출속도)가 많을 때. ② 백파이어: 가스(분출속도)가 적을 때.

② **백파이어**(back fire, **역화**)

연소속도보다 > 가스 분출속도가 적을 때이다. → 리프팅의 반대현상.

㉠ 불꽃이 내부로 전파되는 현상이다. (* 역화, 라이팅백, 플래시백이라 한다)

㉡ 버너의 과열과 노즐 부식으로 분출구멍이 커진 경우일 때.

㉢ 노즐 구멍이 너무 작거나 막혀서 혼합 가스량이 작게 나오거나 가스압력이 낮을 때.

㉣ 버너가 과열·노즐을 통과하는 가스가 적고 고온 시 연소속도·연소압력이 클 때.

■ 학습: 백파이어는 리프팅이 아닌 다양한 현상을 말한다. 리프팅 외의 내용으로 숙지한다.

③ **블로우* 오프**(blow off)

선화상태일 때 주위에 공기유통이 심하여 불꽃이 노즐에서 떨어진 후 꺼져버리는 현상.

(*^^ 그 원인은 리프팅보다 가스 분출속도와 연소속도의 편차가 더 클 경우이다.)

④ 황 염(Yellow tip)

1차 공기(산소)가 부족할 때 불꽃 끝이 황적색이 되어 미연소상태로 적열되는 현상

【정상과 비정상가스 연소의 불꽃】

* 블로우(blow): 불다 * 염공: 가스분출 구멍, 화염 구멍 * 관창의 선단: 노즐의 끝부분

02 화재용어

1. 화재하중

화재 시 그 실내에 화재 크기를 예상 할 수 있는 가연물의 양(중량)을 뜻한다.

공식

- 화재하중(q) $= \dfrac{\sum(G_t H_t)}{HA} = \dfrac{\sum Qt}{4,500A}$ [kg/m²]

Gt: 각 가연물의 양[kg] Ht: 단위발열량[kcal/kg] Qt: 가연물의 전체 발열량[kcal]
H: 목재 단위발열량[4500kcal/kg] A: 화재실 바닥면적[m²]

■ **화재하중(Fire Load, 화재규모):**

불이 나면 도대체 그 규모가 얼마나 클까? 의 개념이다. 활용범위는 다음과 같다.

① 발열량, 위험도, 화재 규모(주수시간)를 추정할 수 있다.
② 건물의 내화설계(붕괴를 고려) 기준, 가열온도 척도*로 활용. [하하]

➲ 필자의 식: 내장재의 총 발열량(kcal) / 목재 발열량(kcal/kg) x 화재실 바닥면적(m²)
➲ 연상기억: 가연물의 양 x 단위 발열량 / 나무 발열량 x 화재실 바닥면적 ▸ 양발/나무바닥

2. 화재강도

화재강도란 단위시간당 축적되는 열의 값을 말한다.

- 영향조건은 가연물의 배열상태, 화재실 구조, 가연물의 발열량, 가연물의 비표면적이다.
  ▸ 배구발표(* 화재강도 학습 후 배구시합 발표가 났다)

3. 화재가혹도

화재 시 건물 내 수용재산 및 건물자체에 손상(소실·파괴)을 주는 정도로서 최성기가 지속될수록 화재가혹도는 크지만 화재하중과 화재강도를 작게하면 가혹도는 낮아진다.

- 최고온도 × 지속시간으로 화재가혹도를 나타낼 수 있다. ▸ 최지혹(*최지우)

- 화재하중: 각 내장재의 발열량과 양(kg) / 목재 발열량 기준으로 화재실 바닥면적(m²)
- 화재강도: 열의 값 / 단위시간 (* 화재가 얼마나 강하느냐?의 개념, 표면적, 발열량에 따라..)
- 화재가혹도: 최고온도× 지속(연소)시간 (* 화재가 얼마나 가혹하느냐?, 최성기의 지속개념.)
  최고온도(질적) × 지속시간(양적)을 화재가혹도라 한다.(주수율을 추정.) ▸ **오답:** 화재비중
  이는 화재의 질을 반영하는 화재강도 x 가연물의 양을 반영하는 화재하중의 개념이다.

03 화재이론 정리

(1) **일반화재(A급)**

① 대상물: 나무, 섬유, 종이, 고무, 플라스틱류 등 보통화재.

② 화재발생: 초기 연기는 백색이며 연소 후에는 재를 남긴다.

③ 주된 소화효과: 물을 포함하는 열 흡수작용의 냉각소화로 본다.

(2) **유류화재(B급)**

① 대상물: 인화성액체, 가연성액체, 인화성가스와 같은 유류 등이 타서 재가 남지 않는다. 오일, 타르, (석유)그리스, 유성도료, 알코올, 솔벤트, 래커 및 제4류 위험물 등이다.

② 화재발생: 주로 흑색 연기이며 연소 후 재를 남기지 않는다.

③ 주된 소화효과: 공기(산소)의 차단 효과인 질식효과로 본다.

(3) **전기화재(C급)**

① 원인: 합선, 과부하, 누전, 절연불량, 아아크, 전기저항, 정전기, 낙뢰, 지락 등

② 화재발생: 전기기기, 배선 등이 점화원 기능을 하여 A급 및 B급화재로 전환된다.

③ 주된 소화효과: 질식효과

(4) **금속화재(D급)**

① 대상물: 칼륨, 나트륨, 알킬알루미늄, 철, 소디움, 지르코늄, 바륨 등

② 원인: 금속분 발생과 금속 작업 시 열의 축적, 저장 보관 시 수분의 접촉 등.

③ 소화방법: 건조사 등의 질식·피복소화이며 물의 접촉(가연성 가스 발생)에 주의한다.

(5) **가스화재(E급)**

① 대상: 연료용 가스, LPG, LNG, 도시·석탄·합성가스 등

② 원인: 누설된 가스가 연소범위 내에서 불씨에 의해 연소·폭발됨.

③ 주된 소화효과: 밸브류 등을 잠그거나 차단시키는 제거소화 및 질식효과로 본다.

(6) **주방화재(K급)**

① 대상: 식용유 등 주방 조리용 튀김 기름에서 발생되는 화재

② 원인: 발화점(약 365℃)이 끓는점(약 400℃)보다 낮은 경우 등

③ 주된 소화효과: 질식·냉각효과로 본다.

---

* 그리스(grease): 윤활유 * 래커(lacquer): 투명한 도료, 에나멜 등(* 도료: 부식방지로 겉에 바르는 니스 등)

칠판대신 학습하는– 연소 기초이야기

연소 기초 (예습)***

1. 연소란 빛 + 열(발열, 發熱) + 산화반응이다.

↳ 화학변화: 분자 구조가 변하는 것.(물질의 성질이 변하는 것)

- 화학: 물질의 성질이 변하는 것, (예 나무→ 숯 / 종이→ 재)
- 물리: 성질이 변하지 않고 상태나 모양의 변화. H_2O(얼음) → H_2O(물) → H_2O(수증기)

2. 연소란 에너지(활성화에너지)를 필요로 한다.

↓ ↳• 프로판도 연소할 때는 약 0.3[mJ] 정도의 에너지가 필요하다.

- 처음 연소를 시작할 때 필요 열에너지로서 연소반응을 일으킬 수 있는 원동력.

3. 유기물이 타는 것이 연소이다.(유기물은 탄소를 포함하고 있다)

가연물이란 C, H, S 등 연소가 가능한 물질이며 탄소를 포함하는 유기화합물이다.

① C + O = CO(무색·무취·유독성, 50ppm) 가연성물질로서 산화 할 수 있는 불완전연소상태로써 공기보다 가볍다.(28/29= 0.95) • 인체 흡입 시 헤모글로빈과 결합하여 산소결핍으로 사망.

② CO+O = CO_2(무색·무취·무독성, 5,000ppm) 비가연성물질로서 최종산화물인 완전연소상태로써 공기보다 무겁다.(44/29= 1.5) • 방사 시 −80℃ 하강, 소화약제로 사용함.(* 가스는 전기 안통함)

③ H_2 + O = H_2O(수증기) (예 • H+O =(x) 이러한 물질은 없다). • H_2O = 비가연성물질

– 이 외 가죽소파가 타면 **S(황)**, 나무가 타면 **P(인), N(질소)** 등이 ①②③과 함께 생성된다.

---------*

4. 연소(Combustion)의 요소란?

① 가연물.
② 산소공급원(제1·5·6류위험물의 산화제, 오존·불소·염소 등)
③ 점화원(열, 불씨, 원인이 되는 점화에너지, 활성화에너지) ↲ • 인화점(시작하는 최저온도)
④ 순조로운 연쇄반응(불이 지속되는 화학적인 연쇄반응) ↲ • 연소점(지속되는 최저온도.)
※ 주위 열을 받아 외부 점화원 공급 없이 스스로 발화되는 현상 ↲ • 발화점(착화점 자연발화점.)

• 인 화 점 〈 • 연 소 점 〈 • 발 화 점
10℃ 차이 수백도 차이

---

* 활성화에너지: 처음 연소할 때 필요한 열에너지로서 연소반응을 일으키는데 필요한 에너지.
* 화학변화: 분자 구조(물질의 성질)가 뜨거운 불 등에 의하여 변하는 것.(예: 나무→ 숯, 종이→ 재)
* 물리변화: 물질의 성질이 변하지 않고 상태(고상, 액상, 기상) 등이 변함(예: 얼음→ 물→ 수증기)

5. 화재 시 4대 연소생성물

① 연소가스 ② 불꽃(화염) ③ 열 ④ 연기(고체)

6. 공기 중 산소가 21%(산소: 조연성)

① 공기 중에는 산소가 21%가 있다. 산소는 조연성 가스로서 연소는 산소가 있어야지 가능하며 산소가 15% 이하가 되면 불은 곧 꺼진다. (* 산소가 없는 상태를 "질식"이라 한다.)

■ 공기 중 질소 78%, 산소 21%, 그 외 아르곤, 이산화탄소 및 주기율표상의 18족인 헬륨, 네온 등 불이 붙지 않는 대부분 비활성 기체 등이 있다. - 그래서 공기는 불이 붙지 않는다.
● 조연성 가스: 산소, 불소, 염소. / ● 불연성 가스: 질소, 아르곤. / ● 가연성 가스: 수소, 탄소.

7. 불꽃연소와 불씨연소

① 불꽃연소: 불꽃이 있는 화염연소(= 유염연소, 발염연소) ♨
② 불씨연소: 불씨만 있는 불빛연소(= 무염연소, 작열연소) ≈ (* 炎: 불탈 염)

■ 액체 및 기체: 불꽃연소를 한다. / 고체: 불꽃연소를 할 수 있고 불씨연소도 할 수 있다.
또한 밀폐된 공간에는 산소부족으로 불씨연소를 하게됨.(*진공= 소진된 공기로 연소 불가능)

8. 불꽃연소는 기체가 타는 것이다.

가연물은 대부분 탄소를 함유하고 있다. 가연물이 연소하기 위해서는 물질이 산화반응을 일으켜 항상 기체로 존재해야 하며, 그 기체가 공기 중 산소를 만나 고온*에서 연소한다.

① 나무는 뜨거운 열을 만나 분해하면 숯이 되면서 곧 가연성 기체를 생성하게 되고,
② 휘발유도 뜨거운 열을 만나 액면에서 증기(증발 기체)가 생성되면 그 기체가 탄다.
③ 나무 성분은 H, C, N, O, S, P 등의 여러 물질이 존재하며 이러한 물질이 분해되면서 생성된 가연성 기체가 모여 연소하게 된다. 예 CO(일산화탄소), HCN(시안화수소) 등

■ 휘발유는 뜨거운 불을 만나면 액체는 타지 않고 증기를 만들어 주며 점점 줄어들 뿐이다.
또한 휘발유 용기(통)의 액면이 아닌 그 액체 속에서 라이터를 켜면 불이 붙지 않는 이유는 그 액체 속에는 첫째 산소가 없으며, 둘째는 증기(기체)를 생성시킬 수 없는 2가지 이유 때문이다.

9. 뜨거우면 '밀감' 된다.

실내 화재 시 공기는 뜨거우면 밀도(빽빽함)가 감소되면 곧 퍼지고 가벼워져 부력에 의해 천장쪽 상부로 올라가면 실내 상부압력이 높아져, 압력이 낮은 외부로 공기는 배출된다.
(*^^ 공기가 상부로 올라가면 하부는 외부보다 압력이 낮아, 외부 공기는 실내 하부로 유입된다.)

---

* 연기: 불완전 연소된 고체가루 * 고온: 높은 온도.(*상온: 평상시 온도. 항상의 온도) * 산화: 산소와 화합

연소론 기본 1 　삼국지보다 더 어려운 연소이야기 (독학용 예습)★★★

① 연소의 정의란?

빛과 발열을 수반하는 산화반응이다.

공기 중에는 산소가 21v% 존재한다.

사람은 산소없이 질식하여 생명을 유지하지 못한다. 사람처럼 연소반응도 공기 중에 산소가 16%~21% 정도 있어야 가연물과 점화원(예 불씨)이 만나서 연소될 수 있다.

산화란 물질이 산소와 화합하는 것을 말한다. 쉬운 예로 사과를 깎아 공기 중에 놓아두면 색깔이 변하는 현상이나 못이 녹슬어서 푸르게 변하는 현상을 들 수 있다. 하지만 발열이 없어 연소라 할 수 없으며, 연소는 산화반응(빛)과 발열반응(열)이 동시에 일어난다.

그러나 질소가_고온·고압에서 산소와 만나서 흡열반응하는 것도 연소반응이라 할 수 없다.

② 연소는 화학반응의 변화이다.

화학변화란 물질을 구성하는 분자 구조(성질)가 변하는 현상이다.

예 화학변화: 나무가 타서 숯, 종이가 타서 재가 되는 것 → 분자(물질) 구조(성질)가 변하는 것.

예 물리변화: 물이 열을 흡수해서 수증기가 되는 것은 상태 변화지만 H2O의 성질은 그대로인 것.

③ 유기물은 지구상에 350만 개 이상 존재한다.

유기물은 탄소(C)를 포함하고 있으며 연소가 가능한 물질이다.

지구에 흔히 존재하는 탄소(C), 산소(O), 수소(H)의 연소반응 정리는 다음과 같다.

- $C + O = CO$ → 일산화탄소
  (무색·무취로서 공기보다 가벼운 유독성의 가연성 물질로 더 산화가 가능한 불완전 연소상태)
- $CO + O = CO_2$ → 이산화탄소
  (무색·무취로서 공기보다 무거운 거의 무독성 비가연성 물질로 최종 산화물인 완전연소상태)

어떤 물질이 연소하면 **탄소와** 산소가 화합하여 CO(가연성 물질), 산소와 더 이상 화합하지 않는 최종 산화물인 CO_2(비가연성 물질)를 생성하며 **수소**는 산소와 화합하여 수증기(H_2O)를 만든다. 이 3가지는 가연물이 연소할 때 기본적으로 생성되는 화학적 물질들이며 이 3가지 중에서 CO(일산화탄소)만 가연성 물질이다. 이 외 가연물이 연소할 때 황(S), 인(P), 질소(N) 등이 생성되는데, 이처럼 물질 내 포함하고 있는 원자에 따라 생성되는 물질이 조금씩 다를 수 있습니다.

④ 연소 시 생성되는 물질은 연소가스, 불꽃, 열, 연기 등이다.

이 중 연소가스(독성가스)는 인체에 큰 장애를 주고, 연기는 피난에 큰 장애를 주고 있다.

독성가스는. 아크로레인(석유제품, 유지류 탈 때), 포스겐(PVC, 수지류 탈 때 소량 생성)등의 맹독성 가스가 있으며, 그 외 염화수소(전선 피복이 탈 때, 금속에 대한 부식성 가스), 털·고무·나무 등이 탈 때 생성되는 아황산가스(완전연소)와 황화수소(불완전연소, 달걀 썩는 냄새) 및 시안화수소(청산가스. 나무, 직물류 등이 탈 때), 암모니아(온도를 낮추는 냉동시설의 냉매), 또한 가연물이 탈 때 항상 발생되며 흡입 시 피 속에 있는 헤모글로빈과 결합하여 인체에 산소공급을 차단시켜 질식 사망하게 하는 독성가스(허용농도 50ppm)인 일산화탄소 등이 존재하고 있다.

⑤ 연소의 3요소란? 가연물, 산소공급원, 점화원이다.
여기서 산소공급원이란 산소 외에도 조연성 물질(연소를 보조하는 물질)인 불소, 염소, 오존, 할로겐 원소 등과 제1류 위험물(산화성 고체), 제5류 위험물(자기반응성 물질), 제6류 위험물(산화성 액체)과 같이 물질 내에 산소를 포함하고 있는 물질 등이 있다. / 하지만 제1류와 제6류위험물은 물질 내 산소는 포함하고 있으나 자신은 불연성으로 과열(화기), 충격(마찰)등으로 산소를 내어주어 다른 물질의 연소를 돕는 위험물이지만, 제5류 위험물은 공기 중 산소가 없어도 물질 자체에 포함하고 있는 산소와 반응하여 스스로 셀프연소 및 폭발이 가능하다.

⑥ 지속적인 연소를 하기 위해서는 연소의 3요소 및 연쇄반응이 일어나야 한다.
가연물에 산소와 점화원이 공급되어 순간(플래시) 불이 붙을 수 있는 온도를 인화점이라고 한다. 그러나 불이 붙었다 꺼질 수 있지만 인화점 이후 **10℃**(약 5초)이상 상승하면 불은 꺼지지 않는다. 이 점을 연소점이라 한다. 즉, 지속적인 연소를 위해서는 (순조로운)연쇄반응이 필요하다.
연소의 3요소까지의 온도는 불이 붙었으니 인화점 이후!이며, 연소의 4요소까지의 온도는 불이 약 5초 이상 꺼지지 않으니 물질에 연소가 지속될 수 있는 최저온도인 연소점 이후!에 해당한다.

⑦ 연소의 온도는 인화점 〈 연소점 〈 발화점 순으로 (자연)발화점이 가장 높다.
가연물의 특성은 물질에 따라 차이가 있지만, 상대적으로 "작을수록" 위험한 조건들로는

- 인화점·착화점(= 물질이 낮은 온도에서 연소되면 더 위험함! 예 휘발유가 등유보다 위험!)
- 점성(= 끈적 끈적하지 않다면! 즉, 물질 내 어떤 이물질이 적으면 순수하니 더 위험하다.)
- 비점(비등점), 융점(녹는점), 증발열(증발 잠열), 비중(= 점성이 적을수록 이물질이 적기 때문에 그 물질이 가볍고 빨리 끓고, 빨리 녹고, 빨리 증발되는 원리이다. 점성으로 대입하면 쉽다.)
- 표면장력(= 표면으로 끌어당기는 힘으로 표면장력이 작다는 뜻은 점성이 작다는 말과 같다.)
  - 휘발유 방울이 등유, 경유, 중유 방울보다 표면장력이 더 작다. ∴ 휘발유가 더 순수하고 소포된다.
- LOI(= 한계산소지수를 말하며 작은 산소로 연소를 지속하는 물질이 위험하다!)
  - 산소가 16%와 21% 중에서 16%만 가지고도 연소가 자속된다면 그 물질이 더 위험하다는 뜻-
- **활성화에너지**(= 처음 착화될 때의 최소 점화에너지! 즉, 작은 불씨로도 착화되는 것이 위험하다.)
- **비열**(= 어떤 물질을 비교하여 작은 열로 불 붙는 물질이 있다면 그 물질이 더 위험하다.)
- **열전도율**(= 물질 내부에 열이 천천히 흐를수록 열 축적이 잘 되기 때문에 연소하기 쉽다.)
- **전기전도율**(= 정지된 전기가 모여서 늦게 흐를수록 순간적으로 불붙기 쉽습니다.)이 있다.

결국 위 ⑦번의 내용은 작을수록 위험하다는 결론이 되며 소위(小위)로 암기해도 됩니다
이와 같이 난해한 기출 내용들을 우리는 하나하나 배워가면서 소방의 흥미를 느낄 수 있다.

-----------* ✍ 주요 용어

- 열전도도: 물질 내부에 열이 흘러가는 정도이다. 열이 물질 내부에 늦게 흘러갈수록 열이 퍼지지 않고 모여서 고온을 형성하며 이때 가연물의 인화점 이상이면 순간적으로 점화·연소한다.
- 활성화 에너지: 물질이 처음 연소시 필요한 열에너지이다. 어떤 물질이 연소 시 작은 열에너지로 연소가 가능할수록, 즉 점화에너지를 작게 필요로 해서 불이 붙으면 곧 위험한 물질이다.
  - 그러므로 가연물의 조건은 열전도도와 활성화에너지가 "작을수록!" 이다. ► 열작!, 활작!

연소론 기본 2 원소 주기율표(예습)★★★

▶ 대부분 금속으로 이루어졌으며, 제18족(0족)을 "불활성기체"로 분류한다.

족 / 주기	1족	2족	3족	8·9·10족	11족	12족	13족	14족	15족	16족	17족	18족
	알카리 금속	알카리토 금속		철 족	구리족	아연족	붕소족	탄소족	질소족	산소족	할로겐족	불활성 가스

원자번호 ← 6 C 2 ±4 → 원자가
기호 ← C
Carbon → 원소명
12.011 → 원자량

주기	1족	2족	3족	8족	9족	10족	11족	12족	13족	14족	15족	16족	17족	18족
1	1 H (1) 수 소 1.009													2 He (0) 헬 륨 4.00260
2	3 Li (1) 리 듐 6.941	4 Be (2) 베릴륨 9.01218							5 B (3) 붕 소 10.81	6 C (2, ±4) 탄 소 12.011	7 N (±3, 5) 질 소 14.0067	8 O (−2) 산 소 15.9994	9 F (−1) **불 소** **(플루오린)**	10 Ne (0) 네 온 20.179
3	11 Na (1) 나트륨 22.98977	12 Mg (2) 마그네슘 24.305							13 Al (3) 알류미늄 26.98154	14 Si (4) 규 소 28.086	15 P (±3, 5) 인 30.9737	16 S (−2, 4, 6) 황 32.06	17 Cl (−1, 3, 5, 7) **염 소** **(클로린)**	18 Ar (0) 아르곤 39.948
4	19 K (1) 칼 륨 39.098	20 Ca (2) 칼 슘 40.08	21 Sc (3) 스칸듐 44.9559	26 Fe (2, 3) 철 55.847	27 Co (2, 3) 코발트 58.9332	28 Ni (2, 3) 니 켈 58.71	29 Cu (1, 2) 구 리 63.546	30 Zn (2) 아 연 65.38	31 Ga (2, 3) 갈 륨 69.72	32 Ge (4) 게르마늄 72.59	33 As (±3, 5) 비 소 74.9216	34 Se (−2, 4, 6) 셀레늄 78.96	35 Br (−1, 3, 5, 7) **취 소** **(브롬)**	36 Kr (0) 크립톤 83.80
5	37 Rb (1) 루비듐 85.4678	38 Sr (2) 스트론튬 87.62	39 Y (3) 이트륨 88.9059	44 Ru (3, 4, 6, 8) 루테늄 101.07	45 Rh (3) 로 듐 102.9055	46 Pd (2, 4, 6) 팔라듐 106.4	47 Ag (1) 은 107.868	48 Cd (2) 카드뮴 112.40	49 In (3) 인 듐 114.82	50 Sn (2, 4) 주 석 118.69	51 Sb (3, 5) 안티몬 121.75	52 Te (−2, 4, 6) 텔레륨 127.60	53 I (−1, 3, 5, 7) **옥 소** **(요오드)**	54 Xe (0) 크세논 131.30
6	55 Cs (1) 세 슘 132.9054	56 Ba (2) 바 륨 137.34	57~71 ☆ 란탄계열	76 Os (2, 3, 4, 8) 오스뮴 190.2	77 Ir (3, 4) 이리듐 192.22	78 Pt (2, 4) 백 금 195.09	79 Au (1, 3) 금 196.9665	80 Hg (1, 2) 수 은 200.59	81 Tl (1, 3) 탈 륨 204.37	82 Pb (2, 4) 납 207.2	83 Bi (3, 5) 비스무트 208.9804	84 Po (2, 4) 폴로늄 (210)[a]	85 At (1, 3, 5, 7) 아스타틴 (210)[a]	86 Rn (0) 라 돈 (222)[a]
7	87 Fr (1) 프란슘 (223)[a]	88 Ra (2) 라 듐 226.025[b]	89~103 ★ 악티늄계열	108 Hs 하 슘 (265)[a]	109 Mt 마이트너륨 (266)[a]									

☆	61 Pm (3) 프로메튬 (145)[a]	62 Sm (2, 3) 사마륨 150.4	63 Eu (2, 3) 유로퓸 151.96	64 Gd (3) 가돌리늄 157.25	65 Tb (3) 테르븀 158.9254	66 Dy (3) 디스프로슘 162.50	67 Ho (3) 홀 뮴 164.9304	68 Er (3) 에르븀 167.26	69 Tm (3) 툴 륨 168.9342	70 Yb (2, 3) 이테르븀 173.04	71 Lu (3) 루테튬 174.97
★	93 Np (4, 5, 6) 넵투늄 237.048[b]	94 Pu (3, 4, 5, 6) 플루토늄 (242)[a]	95 Am (3) 아메리슘 (243)[a]	96 Cm (3) 퀴 륨 (247)[a]	97 Bk (3, 4) 버클륨 (249)[a]	98 Cf (3) 칼리포르늄 (251)[a]	99 Es 아인시타이늄 (254)[a]	100 Fm 페 르 뮴 (253)[a]	101 Md 멘델레븀 (256)[a]	102 No 노벨륨 (254)[a]	103 Lr 로렌슘 (257)[a]

금속원소 □
비금속원소 □
전이원소 □

■ **용 어**

- H(수소-01): "하이드로겐"의 약자. 무색, 무미, 무취의 가장 가벼운 원소. 대기권 상층부, 동식물 등 존재.
- C(탄소-12): "카본"의 약자로 가장 중요한 원소로 자연계 생물체 안에 널리 존재함.(예 12 =원자량)
- N(질소-14): "니트로겐"의 약자. 무색, 무미, 무취. 동식물을 구성하는 단백질의 요소 등.(예 14 =원자량)
- O(산소-16): "옥시겐"의 약자. 무색, 무미, 무취. 모든 원소 중 가장 다량 존재. 물의 8/9 차지함.
- P(인-31): 파스퍼스(phosphorus)의 약자. 공기 중 발화하기 쉽고 산화하면 흰 연기가 난다. 인(燐).
- S(황-32): 서풀(sulfur)의 약자. 황색·무취의 건조한 광택의 결정. 화약, 성냥 원료. 유황, 황(黃),
- 원자(原子·Aton): 원자란 더 이상 쪼개어 질 수 없는 물질의 가장 작은 기본 입자 ⇢ (* 얼마나 있느냐의 개수의 개념)
  (* 원자의 중심에는 원자핵이 있고, 그 주위에는 – 를 띈 물질의 전자(電子)가 있음.)
  예 CO(일산화탄소), CO_2(이산화탄소), H_2O(수증기)는 분자이며, C, O, H가 원자임.
- 분자(分子): 몇 개의 원자가 모여서 본성을 잃지 않는 물리적 방법으로 다시 더 분석할 수 없는 최소입자.
  (즉 물질의 화학적 성질을 잃지 않은 채 나눌 수 있는 가장 작은 입자.)
  예 C, O, H 등의 원자가 결합하여 CO, CO_2, H_2O 분자를 만든다.

※ 알카리금속, 알카리토 금속: 제3류 위험물의 속함(단, 마그네슘: 2류 위험물)

연소론 기본 3 제4류 위험물(예습)★★★

분류	품 명(지정품명)		지정수량	인화점	비점
인화성액체	특수인화물(이황화탄소, 디에틸에테르 등)		50 L ----(▶ 1/4드럼)	-20℃ 이하	40℃이하
	제1석유류(아세톤, 휘발유 등)	비수용성	200 L ---(▶ 1드럼)	~ 21℃ 미만	약 150℃
		수용성	400 L (▶ 비수용성 2배)		
	알코올류(60%이상) - 예 메탄올, 에탄올, 프로판올 등)		400 L (▶ 2드럼)		
	제2석유류(등유, 경유 등)	비수용성	1,000 L --(▶ 5드럼)	~ 70℃ 미만	약 250℃
		수용성	2,000 L		
	제3석유류(중유, 클레오소트유 등)	비수용성	2,000 L --(▶ 10드럼)	~ 200℃미만	약 350℃
		수용성	4,000 L		
	제4석유류(기어유, 실린더유 등)		6,000 L --(▶ 30드럼)	~ 250℃미만	〃
	동식물유류 (예 건성유- 아마인유 등)		10,000 L -(▶ 50드럼)	250 미만	
일반적 특성	① 쉽게 인화되는 유기물이며, (자연)발화점이 낮다..(*위험물게시판: 화기엄금) ② 대부분 물보다 가벼운 유류가 많다.(특수인화물, 알코올류, 1·2석유류, 동식물유류) ③ 대부분 비수용성이며, 전기 부도체이다.(즉 유류는 전기 안 통함.) (②③④**암기:** 물가비 전부 증기무) ④ 연소 시 과열된 증기 비중은 공기보다 무거워서 액면에 체류하면서 탄다.(단, 시안화수소 제외) ⑤ 동식물유류는 식용 등으로 덜 위험하지만 한 곳에 10,000 L인 50드럼 있을 때 법의 규제를 받는다. ⑥ "특수인화물"이란 이황화탄소, 디에틸에테르 그 밖에 1기압에서 발화점이 100℃ 이하인 것 또는 인화점이 영하 20℃ 이하이고 비점이 40℃ 이하인 것을 말한다. ▶ **암기:** 백이사 ▶ **암기:** 특이디 1245 (* **연상:** 특수인화물은 이황화탄소, 디에틸에테르, 100℃, -20℃, 40℃, 50L) ⑦ "알코올류"는 1분자 내에 탄소원자의 수가 1개~3개까지인 포화 1가 알코올(변성알코올 포함.)을 말함. ⑧ 수용성 지정수량은 비수용성의 2배, 제1·2·3석유류는 수용성이 있다. (▶ 지정수량 **암기:** 오이사! 126만) ⑨ 지정품명은 다수의 품명 중 2개씩을 지정한다는 뜻이고, 지정수량은 법에 규제를 받는 최저수량이다.				
예방	① 누출방지: 밀폐용기의 사용, 배관의 이용, 바위 속 시원한 냉암소에 저장한다. ② 특수인화물 중 이황화탄소(CS_2)는 제3류위험물의 황린처럼 물속에 저장하며 아세트알데히드, 산화프로필렌은 동(구리)·은·마그네슘·수은을 피하며 알루미늄이나 철의 용기에 저장한다.				
소화	① 대규모 유류화재는 포에 의한 질식소화가 좋다. (▶ **암기:** 포유류) ② 소규모화재는 포·분말·이산화탄소·할론·분무상의 강화액 등에 의한 질식소화를 한다. ③ 물에 혼합되는 수용성유류는 알코올포(내알코올포)를 사용하여 질식소화하거나 다량의 물로 희석시켜 희석소화를 한다. (*^^ 수용성: 알코올류(퓨젤유 등), 케톤류, 에테르류, 에스테르류 등.)				

■ 분자량 구하는 방법

※ 원자량(무게): H: 1 C: 12 N: 14 O: 16 ▶ **암기:** 수소일, 시시비, 엔닐사, 오일육

- CO = 12 + 16 = 28 • CO_2 = 12 + 16 + 16 = 44 • H_2O = 1 + 1 + 16 = 18
- **메탄**(CH_4) = 12 + 4 = 16(16/29 = 0.55, 약 2배 가벼움)
- C_3H_8(프로판) = (12×3) + 8 = 44, (1.5배 무거움, CO_2와 동일)
- C_4H_{10}(부탄) = (12×4) + 10 = 58 (공기보다 2배 무겁다.)
- **공기**: (78% × N_2) + (21% × O_2) = (0.78 × 28) + (0.21 × 32) ≒ **29**

CHAPTER 2 연소이론

01 연소이론(핵심)

1. 연소의 정의**

빛과 열을 수반하는 산화반응이라 정의한다.

물질이 산소와 화합하여 빛과 열을 내는(발열) 화학변화*를 연소라 한다. 연소는 고체·액체·기체인 물질이 빛과 열을 수반하면서 공기 중의 산소와 반응하여 일어나는 것으로 사과껍질을 깎았는데 색상이 변하는 것은 산화이지만 열을 발생하지 않으므로 연소라 할 수 없고 질소 등과 같이 산화, 흡열반응을 하는 경우도 연소라 하지 않는다. 특히 가연물이 연소하면 가연물질을 구성하는 주성분인 C*, H*, O*에 의해 탄소는 CO(일산화탄소)·CO_2(이산화탄소)를 만들고 수소는 수증기를 만들어 낸다. 이 외 석탄, 나무, 가죽소파가 타면 S(황), 나무가 타면 P(인), N(질소) 등이 생성된다.

2. 연소의 요소**

연소가 일어나려면 가연물, 산소공급원, 점화원 및 순조로운 연쇄반응이 필요하다.

① 연소의 3요소: 가연물, 산소공급원, 점화원을 말한다.

② 연소의 4요소: 가연물, 산소공급원, 점화원, 연쇄반응(순조로운 연쇄반응)을 말한다.

▶ **암기**: 가산점순 (* **연상**: 연소의 기본요소는 가산점 순서이다.)

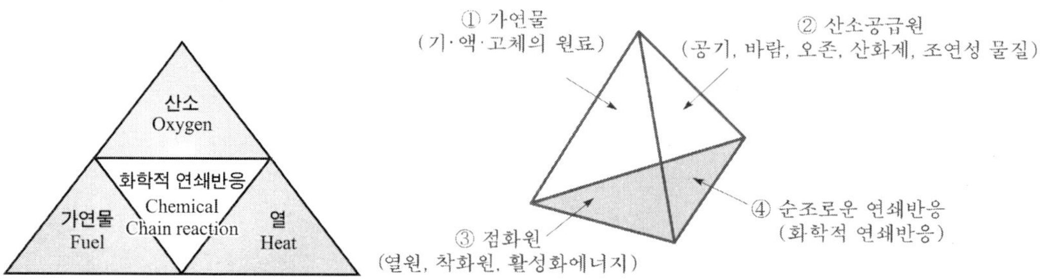

【연소의 해당 기본요소】

3. 가연물

가연물이란 연소가 가능한 물질, 즉 연쇄반응을 일으키며 불에 탈 수 있는 유기화합물*이 대부분 해당된다. 즉, 연소의 3요소에서 연소의 4요소로 만족했을 때 연소는 계속 지속될 수 있다.

(1) 가연물의 구비 조건★★★

① 산소와 친화력이 클 것	화학적 활성도가 클 것.(즉 산소가 많을수록.)
② 발열량과 비표면적*이 클 것	발열량과 건조한 공기(산소)와 접촉하는 표면적이 커야 한다.
③ 연쇄반응을 일으킬 수 있을 것	순조로운 화학적 변화를 일으킬 수 있을 것.
④ 열전도도가 작을 것	열전도율*이 작은 것일수록.(즉 내부열의 축적이 용이해야 함.)
⑤ 활성화에너지*가 작을 것	점화에너지가 작을수록.(즉 작은 불씨로 연소가 가능할 때.)

※ 열전도도: 기체 〈 액체 〈 고체 ► **암기**: 기소고대 / ※ 표면적: 기체 〉 액체 〉 고체

(2) 가연물의 비구비조건

① 산소와 더 이상 반응하지 않는 물질: 프레온, 이산화탄소 등(그 외: Al_2O_3,* SO_3, P_2O_5)

② 산화 흡열 반응물질: 질소 또는 질소산화물의 불연성 기체.

③ 주기율표상 18(8, 0)족 원소*: 헬륨(He), 네온(Ne), 아르곤(Ar), 크립톤(Kr), 크세논(Xe), 라돈(Rn) 등의 희가스를 비활성기체로 분류하며 타 원소와는 화합하지 않는 성질을 갖는다.

► **암기**: 헬레아 크크라 (*__해설__: 헬륨을 제외한 ㄴ자 받침으로 기억하면 쉽다.)

3. 가연물의 특성

가연물질의 연소를 촉진시키는 방법으로서 연소가 잘 되는 가연물의 특성은 다음과 같다.

① 온도, 열량, 압력, 폭발범위, 화학적활성도, 화염전파속도가 클수록 위험성이 크다.(大위)

② 인화점, 착화점, 점성, 비중, 비점, 융점,(열전도율, 활성화에너지)이 작을수록 위험하다.(小위)

► **암기**: 인착점비융(열전,활성) 소위 (* **연상**: 인상 착의점이 비열하고 음융한 소위)

■ 개념: 표면장력(점성), 증발열(비점), 전기전도율(열전도율), 비열(활성화에너지), LOI(산소양)
■ 가연물의특성: 어려운 ②에 있어서 작을수록 위험하다. 즉, 소위(小危)로 생각하면 쉽다.

---

* 비표면적: 비교한 표면적 * Al_2O_3: 산화알루미늄
* 유기화합물: 탄소를 주성분으로 하는 화합물(* 무기화합물: 광물계로부터 얻어지는 물질)
* 활성화에너지: 처음 연소할 때 필요한 열에너지, 연소반응을 일으키는데 필요한 에너지
* 주기율표상 0족 원소: 원소의 장주기형, 주기율표상의 불활성기체, 18족이라고도 하며 대체로 안정한 것
* 열전도율: 열의 축적률 및 고체, 액체, 기체의 크기순으로 연소순서의 반대개념에 해당됨.

4. 화학적 점화원**

(1) 자연발화에 의한 열

화학적 점화원에 속하며 가연물이 서서히 산화되어 축적, 발열, 발화하는 현상으로 다음과 같다.

① 분해열: 분해할 때 생기는 열.(셀룰로오드, 니트로셀룰로오스, 아세틸렌, 산화에틸렌 등)
② 산화열: 산화반응으로 발열 축적되는 것.(석탄, 기름종류, 황린, 금속분, 원면, 고무분말 등)
③ 중합열: 작고 많은 분자가 큰 분자량의 화합물로 결합되는 것.(시안화수소, 산화에틸렌 등)
④ 미생물열(발효열): 미생물 발효현상에 의해 발생되는 열.(퇴비, 먼지, 곡물분 등)
⑤ 흡착열: 고온의 물질이 방출하는 열을 흡수하여 발화하는 것.(목탄, 활성탄 등)

자연발화는 밀폐된 공간 등에서 가연물이 외부의 열 공급(점화원 등 인위적인)을 받지 않고 물질 자체적으로 열을 축척하여 온도가 서서히 상승하는 현상이다.
즉 유기물질은 대기에 노출되면 온도가 발화점 이상이 되어 산화하기 때문에 자연발화 한다.

▸ **암기**: 분산중 미흡 (* **연상**: 분산하는 미흡한 중은 자연발화 되었다)

㉠ 자연발화에 영향을 주는 요인

공기유통이 잘 안되고 적당한 수분이 있는 공간에서 열 축적이 용이해야 한다.

㉡ 자연발화의 조건

열전도율은 작지만 주위의 온도 발열량 비표면적은 커야하며 수분은 적당해야 한다.

㉢ 자연발화 방지법

- 실내에 창문 등을 열어서 공기유통이 잘 되게 한다.(즉 열을 분산시킨다)
- 저장실의 온도를 낮게 하고 실내에 수납할 경우 열 축적이 용이하지 않게 한다.
- 적당한 습기는 가연물에 촉매작용을 하여 자연발화하므로 습도가 높은 곳을 피한다.

(*^^ 즉, 약간의 수분은 열의 전달을 촉진시키므로 저장실의 습기를 제거한다.)

▸ **암기**: 습높피(* **연상**: 스노피)

■ **자연발화방지법 요약**
밀폐되어 고온·다습할수록(실내가 후텁지근, 온도가 상승할수록 자연발화가 잘된다.) ∴
① 저장실의 비표면적과 발열량을 낮출 것.(비교한 면적과 발열이 작을수록) AQ
② 퇴적·수납시 통풍으로 열을 분산시킬 것.(밀폐실의 물질내 온도를 낮출수록) T
③ 습도 등 발열반응에 정촉매 작용을 하는 물질을 피할 것.(습기를 낮추면 방지된다) m
(*^^ 자연발화: 서서히 일어난다. / 플래시오버, 백드래프트: 어느 순간 갑자기 일어난다.)

---

* 중합열: 작고 많은 분자가 큰 분자량의 화합물로 되는 변화, 모노모(단량체)의 중축합반응
* 분해열: 화합물(1mol)이 분해할 때 발생되는 열량
* 셀룰로이드, 니트로셀룰로오스: 제5류위험물에 해당함.
* 다공성물질: (현미경으로 보았을 때 미세한)구멍이 많은 물질

5. 삼체(三體)의 연소★★

(1) **기체의 연소**: 공기 중 가연성 가스가 확산에 의해 혼합가스를 생성하며 연소하는 현상으로서 예혼합연소, 확산연소, 폭발연소, 불꽃연소 등이 있다.

① **확산연소**: 가연성 가스가 공기와 미리 혼합하지 않고 가스레인지처럼 가스주위에 있는 공기와 혼합시켜 연소시키는 가장 일반적인 현상이다. 예 가연성 기체가 배관 등의 파손으로 공기 중으로 분출되어 확산되면서 타는 연소

② **예혼합연소**: 가연물과 공기(산소)가 미리 혼합된 상태에서 점화에너지에 의해 연소되거나 스스로 연소하는 현상이다. 예 분젠버너 연소 또는 가솔린엔진 등의 연소

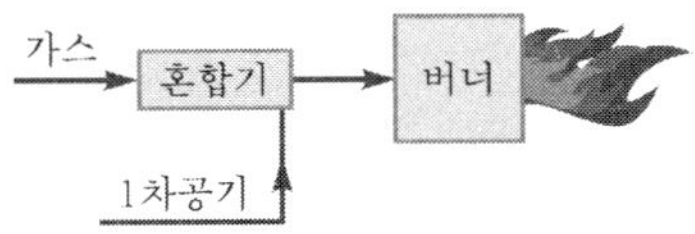

(2) **액체의 연소**

① **증발연소**: 일반적인 연소형태로 액체의 연소가 아니고 가열된 액체에서 발생한 증기만이 액면에서 연소하는 것 예 이황화탄소, 에테르*, 가솔린(휘발유), 아세톤, 등유, 알코올류 등

② **분해연소**: 휘발성이 적고 점성*이 많은 액체의 가연물이 열분해하여 발생된 가스가 공기와 혼합하여 연소하는 현상. 예 중유(벙커C유), 글리세린, 기계유 등 물보다 무거운 유류.

③ **분무(액적)연소**: 액체연료를 분사하거나 또는 안개처럼 미립화하여 증발표면을 넓혀 연소하는 방법. 예 가스터빈, 석유스토브 등을 사용할 때

(3) **고체의 연소**

① **증발연소**: 고체가 증발하거나 그대로 열 분해없이 녹아 액체가 되어 발생된 가연성 증기가 공기와 혼합하는 연소. 예 파라핀, 나프탈렌, 유황(황), 요오드, 고체알코올, 왁스, 장뇌 등

② **분해연소**: 가연성 분해생성물*이 공기와 혼합기체를 만들어 불꽃연소하는 현상
예 종이, 석탄, 목재, 플라스틱, 고무류, 섬유류 등 다수의 물질

③ **표면연소**: 휘발성이 없는 고체 가연물이 고온 시 표면에서 공기가 접촉되는 무염연소.
예 숯(목탄), 코크스, 금속분 ▸ **암기**: 포스코 금속 (* **해설**: 표면연소에 스코금속)

④ **자기연소**: 분자 내 산소를 갖고 있어 외부의 산소 공급없이 자기(내부)연소를 하는 현상
예 제5류 위험물인 질산에스테르류에 속한 니트로셀룰로오스, 니트로글리세린 및 셀룰로이드, 니트로화합물에 속한 트리니트로톨루엔(TNT), 트리니트로페놀(피크린산)과 같은 과산화물.

---

* **산화반응**: 산소와 혼합하거나 수소를 잃는 반응이며 원자가 전자를 잃는 것이다.
* **환원반응**: 산화제가 산소를 잃거나 수소와 화합하는 반응이며 원자가 전자를 얻는 것이다.
* **점성**: 끈끈한 정도 * **코크스**: 석탄을 건류하여 만든 다공질고체. 표면연소하며 착화점이 높다.
* **금속분**: 아연, 안티몬, 알루미늄, 구리, 니켈 등의 제2류 위험물 등에 속함
* **에테르**: 알코올에 황산을 섞어 증류하여 얻은 무색액체, 에틸에테르라고도 함.
* **프로판**(C_3H_8): LPG 중 65%를 차지하여 무색, 무미, 무취인 연소범위 2.1~9.5%인 공기보다 무거운 가스

④ 삼체(三體)의 비교

가연물은 기체, 액체, 고체에 따라 성상이 각각 다르다. 그 개념을 알아본다.

구 분	필요 에너지	가연성 가스 공급	연소의 종류
기 체	소	일반적으로 확산연소를 한다.	예혼합·확산·폭발연소
액 체	중	일반적으로 증발연소를 한다.	증발·분해·분무·등심연소
고 체	대	대부분 표면·분해연소를 한다	증발·분해·표면·자기연소

■ **기체와 액체의 비교**

- 기체: 연소범위를 기준으로 하며 가연성·조연성·불연성 가스로 구분한다.
- 액체: 인화점 기준으로 하며 가벼울수록 점성이 작고 순수하니 위험한 물질이다.
  즉, 액체는 가벼울수록 위험하지만 기체는 비중을 따지지 않는 별개의 이론이다

⑤ 연소의 색깔과 온도

암적색→ 진홍색→ 적색→ 휘적색→ 주황색→ 황색→ 황적색→ 백적색→ 휘백색 순.

연소의 색깔과 온도

색 깔	온도(℃)	색 깔	온도(℃)
담암적색	500	(주황색)	900~1,000
암적색	700~750	황 색	1,050
(진홍색)	750	황적색	1,100
적 색	850	백적색	1,300(1,200)
휘적색	950	휘백색	1,500☆

■ (적색)**암기** – 담암적색: 500 / 암적색: 700 / 적색: 850 / 휘적색: 950 / 황적색: 1100 / 백적색: 1300℃

▸ (기타)**암기** – 홍칠, 황천, 주황구천 (* **해설**: 홍색은 700도선, 황색은 1000도선, 주황은 900~1000도)

▸ (중요)**암기** – 홍적휘황 7, 8, 9, 10 황적백적 11, 12 (* 적빨오, 휘젖구요, 황적11, 백적13)

산소의 몰수와 연소범위

물 질	연소범위(%)	산소의 몰수	공기량	최소산소농도(MOC)	암 기
① 메 탄(CH_4)	5~15	$2O_2$	9.5	10%	메탄의 낮
② 에 탄(C_2H_6)	3~12.5	$3.5O_2$	17	10.5%	차 밀리오
③ 프로판(C_3H_8)☆	2.1~9.5	$5O_2$	24	10.5%	이하나 9.5
④ 부 탄(C_4H_{10})	1.8~8.4	$6.5O_2$	31	11.7%	한팔 8자

■ ①~④까지 산소량은 2~6.5까지 1.5씩 / 공기량은 7씩 증가한다. **암기**: ㅁㅇㅍㅂ(* 마아포발)

6. 연소생성물

연소생성물은 다음과 같다.

① 일산화탄소(CO)

가연물이 불완전연소할 때 발생하고 공기보다 가벼운 무색, 무취, 무미의 유독성 기체.

② 이산화탄소(CO_2)

가연물이 완전연소할 때 발생하고 공기보다 약 1.5배 무거우며 무색, 무취의 기체이다.

③ 아크로레인(CH_2CHCHO)

석유제품과 유지류(기름성분)등이 탈 때 발생되는 맹독성 가스이다. [0.1ppm]
(일반화재에서 발생하는 경우는 드물고 10ppm이면 사람이 즉사한다.) 아크릴알데이드

④ 포스겐($COCL_2$)

PVC(폴리염화비닐), 수지류 등이 탈 때 미량만 발생되는 맹독성 가스이다. [0.1ppm]
(염소계 화합물이 탈 때도 미량 생성되며, 2차대전 독일군이 유태인 학살용도로도 사용되었다.)

⑤ 불화수소(HF)

불소계 수지가 탈 때 생성되는 무색의 기체로서 모래, 유리를 부식시킨다. [3ppm]

⑥ 염화수소(HCL)

PVC 등 염소가 함유된 물질, 수지류, 전선의 절연재(피복), 배관 재료 등이 탈 때 생성되는 무색 기체로 인체에 흡입되면 폐수종으로 사망할 수 있다. 염소와 수소의 화합물로 구성된 염화수소는 금속에 대한 강한 부식성이 있다. [5ppm] ▶ **암기**: 염전 부식

⑦ 아황산가스(SO_2, 이산화황의 기체. $S+O_2= SO_2$)

털, 고무, 나무, 가죽소파 등 황(S)이 함유된 물질(예 이황화탄소)이 완전연소 할 때 미량 발생되는 무색가스로 눈(점막), 호흡기 계통에 자극을 주며 산성비의 원인이다. [5ppm]

⑧ 황화수소(H_2S) [05 인천, 08 경북]

털, 고무, 나무, 가죽소파 등 황(S)이 함유된 물질의 불완전연소 시 발생하는 무색가스로 달걀 썩는 냄새가 난다. 유황과 화합된 수소로서 유화수소라고도 한다. [10ppm] ▶ 황달싫불

⑨ 시안화수소(HCN)

기체는 청산가스라고도 하며 동물 털의 불완전연소, 인조견 등의 직물류, 목재, 종이, 폴리우레탄 등이 탈 때 극미량 발생하며 인체에 대량 흡입되면 헤모글로빈과 결합하지 않고도 정신경련, 호흡·심박동정지로 질식사 한다.(0.3%에서 사람이 즉사한다.) 청화수소.[10ppm]

⑩ 암모니아(NH_3)

질소함유물인 수지류, 나무 등이 탈 때 생성되는 무색기체로 악취가 심하고 인체에 노출되면 눈, 코, 폐에 자극이 크다. 물에 잘 용해되며 냉동시설의 온도 낮추는 냉매로 쓰인다.

7. 연소범위

연소범위란 "공기 중 연소에 필요한 혼합가스의 농도" 의 범위를 말한다.

■ **연소범위 주요숫자 암기**

① 아세틸렌(2.5 ~ 81): 아틸이오팔일 (▶ 아찔이오 말일날)
② 수 소(4~75): 수소사치오 (▶ 수소는 사치요)
③ (에틸)에테르(1.9~48): 1948 (▶ 1948년 정부수립)
④ 암모니아(15~28): 암니십오이팔 (▶ 앞니 씹어 이빨)
⑤ 일산화탄소(12.5~75): (▶ 일이좀 오~시오)
⑥ 메 탄(5~15): 5월 15일(▶ 스승의 날, 메탄의 날)
⑦ 프로판(2.1~9.5): 이하나 9.5(▶ 이하나양은 9.5kg으로 태어났다)
⑧ 부 탄(1.8~8.4): 한팔 팔자(▶ 부탄가스를 먹고 한팔을 팔자로 벌리고 잤다)

8. 열

① 전도(Conduction) (→⇥←)

각각의 물체가 직접 접촉하여 열이 전달되는 분자(물질)충돌 현상으로 고체가 기체보다 열전도율이 높다. 예 뜨거운 커피가 든 잔에 스푼을 넣고 저으면 열이 스푼으로 전달된다.

② 대류(Convection) (↺)

기체나 액체의 온도가 다를 때 물질의 순환운동에 따라 열이 이동하는 현상으로 공기가 열에 의해 뜨거워지면 가벼운 공기(밀도가 작은 공기)는 상부로 올라가고 천장 등에 체류하는 무거운 공기(밀도가 큰 공기)는 아래로 내려오는 열 교환 현상 등이다. (*^^ 물질을 매개하여 전달)

예 실내에서 난로를 피우면 따뜻한 공기는 상승하고 찬 공기는 밀려서 밑으로 내려오는 순환현상.

③ 복사(Radiation) (⇢ ↓)

떨어져 있는 두 물체 사이에 열에너지가 어떠한 물질을 매개하지 않고 공간을 이용하여 전자파형태로 다른 물질에 전파되어 흡수되면(반사·통과도 되면서) 열로 변하는 현상이다.

- 현열: 온도만을 가지는 열
- 잠열: 상태만을 가지는 열(숨은열)

▶ **암기**: 현온잠상(* 연상: 현열은 온도, 잠열은 상의 변화를 말한다.)

▶ **암기**: 80,539 (* 연상: 잠열값을 구하러 팔공산에 가면 항상 고3이 9명이 있다.)

- 얼음의 융해열: 얼음 0℃에서 물 0℃로 변화되는데 필요한 잠열(80kcal/kg)
- 물의 증발열: 물 100℃에서 수증기 100℃로 변화되는데 필요한 잠열(539 kcal/kg)

– 0℃는 고체와 액체가 공존하는 온도이며, 100℃는 액체와 기체가 공존하는 온도이다. –

9. 연기

연기의 유동속도는 다음과 같다.

① 수평방향: 0.5~1 [m/sec] ▶ 암기1: 051 (부산☎)-2335
② 수직방향: 2~3 [m/sec] ▶ 암기2: 수평영오 수직이삼 계단삼오
③ 계단실내: 3~5 [m/sec] (▶ 계단은 문이 있고 공기흐름이 많기 때문이다)

① 굴뚝효과(연돌효과, stack effect 또는 chimney effect)

건축물의 내부와 외부온도 차이로 굴뚝과 같이 수직으로 공기가 올리가는 현상이다.

㉠ 건축물 상·하층의 내부와 외부의 온도, 기압차 때문에 건축물 하부에서 외부의 찬 공기가 유입되고 건물 내부의 더운 공기가 상부쪽으로 올라가 밖으로 빠져 나가는 현상.

㉡ 굴뚝효과가 일어나기 위한 조건은 화재실 온도, 건축물 내·외의 온도차, 건축물의 높이, 외벽의 기밀도(각 층간의 공기누설) 등이며 방지방법은 방풍이다. ▶ 오답: 층의 면적

② 제연의 방식 ▶ 암기: 제자 밀키스

㉠ 자연 제연방식: 건물에 설치된 창문 등으로 연기를 배출되는 방식이다.

㉡ 밀폐 제연방식: 공간을 밀폐시켜서 일시적으로 연기의 유출 등을 차단하는 방식이다.

㉢ 스모크타워 제연방식: 지붕 위에 설치된 루프모니터 등을 이용하는 방식이다.

㉣ 기계(강제) 제연방식: 송풍기, 배연기 등을 이용하여 제연하는 방식으로 3가지가 있다.

기계(강제) 제연방식 정리 ▶ 암기: 1기기, 2기자, 3자기

구 분	급기	배기	용도
1종 제연방식	기계급기	기계배기	대형 건물
2종 제연방식	기계급기	자연배기	아파트(피난계단)
3종 제연방식	자연급기	기계배기	작은 공장

감광계수(연기농도)와 가시거리

감광계수(Cs, m^{-1})	가시거리(m)	상 황
0.1	20~30	연기감지기가 작동할 정도☆
0.3	5	피난할 때 약간 지장을 느낄 정도 ▶ 영삼 오피
0.5	3	어둠침침한 것을 느낄 정도의 농도☆ ▶ 영오 세침
1.0	1~2	앞이 거의 보이지 않는 정도
10	0.2~0.5	화재 최성기 때의 농도로 유도등이 보이지 않을 경우☆
30	–	출화실에서 연기가 분출될 때의 농도

• 인화점(Flash Point)	외부의 직접적인 점화원에 의해 연소를 시작할 수 있는 최저 온도. 즉, 에너지를 가하여 순간발화를 일으키는 최저 온도. 또는 점화원을 제거하면 연소가 즉시 중지되는 온도.(* 점화원에 유도되어 발화되므로 유도발화점)
• 연소점(Fire Point)	연소가 중단되지 않고 5초 이상 유지 될 수 있는 최저 온도. 즉, 인화점 이후 지속적인 연소현상을 일으킬 수 있는 최저 온도.
• 발화점(Ignition Point) 착화점, 자연(자동)발화점	주위로부터 에너지에 의해 혼합기체가 스스로 발화가 개시되는 온도. 가열된 열의 축적에 의하여 공기 중 혼합기체가 발화되어 연소하는 최저온도,
• 연소범위	가연성가스와 공기가 혼합되어 연소를 일으킬 수 있는 적정 농도범위.
• 연소속도	산소가 공급되어 연소반응으로 연소생성물을 생성할 때의 반응속도.
• 증기밀도(기체의 무게)	같은 온도, 같은 압력에서 같은 부피의 공기의 무게와 비교한 밀도.
• 비점(沸點 Boiling Point)	액체가 끓으면서 증발이 일어날 때의 온도. 비등점. 끓는점.
• 비열(比熱 Specific heat)	1g의 물체를 1℃만큼 온도를 상승시키는데 필요한 열량(cal).
• 1[cal] (*4.187 줄)	0℃ 순수한 물 1[g]의 온도를 100℃까지 높이는데 필요한 열량의 1/100.
• 융점(融點 Melting Point)	고체가 용융하여 액체가 되는 온도.
• 융해(용해)열	고체 1g이 같은 온도에서 액체 1g으로 액화될 때 필요한 열량.
• 점도(粘度 Viscosity)	점착과 응집력의 흐름에 대한 저항의 측정 수단. 즉, 끈끈한 정도.
• 잠열(숨은열)	고체에서 액체로 혹은 액체에서 기체로 변할 때 흡수 또는 방출하는 열.
• 현열(감열)	물질이 가해진 열이 상(相)의 변화가 없는 경우 보유하고 있는 열량.

구분	종류	내용
화학열	연소열	어떠한 특징이 없이 물질이 완전 산화하는 과정에서 발생
	용해열	고체에서 액체로 용해될 때 발생되는 열 예 농황산(진한 황산)
	분해열	어떤 화합물이 분해할 때 발생하는 열 예 셀룰로이드
	자연발화	물질 내에 자체적인 열축적만으로 온도가 증가해서 자연 연소하는 현상
	생성열	표준상태의 반응원소들이 1몰의 화합물을 만들 때 반응하는 열. 자생열
전기열	저항열	전기에너지가 열에너지로 변하면서 나타남 예 전구, 전기장판 등
	지 락	도체가 땅에 떨어져 흐르는 고장 전류(* 저용량은 누전, 고용량은 지락)
	아크(Arc)열	접점이 느슨하여 전류가 단절될 때 발생, 전기불꽃(전기스파크). 전호열
	정전기열	정지된 전기, 마찰 대전에 의해 외부로 나타나는 열 예 마찰전기
	유도열	도체 주위의 자장 변화로 전류의 흐름에 대한 저항열.
	유전열	피복 등 완벽한 절연능력을 갖추지 못해 발생 예 누설전류 등
기계열	(단열)압축열	열을 막아서 기체를 압축시키면 발생되는 열 예 디젤엔진의 폭발 등
	마찰열	두 물체의 마찰에 의해 발생 예 그라인더에 발생되는 불꽃 등
	(마찰)스파크 - 충격 -	금속물체와 다른 고체물체가 충돌할 때 충돌된 금속입자가 순간적으로 높은 열을 생성시켜서 스파크가 일어나는 것. 충격(스파크)

02 폭발이론

1. 폭 발**

폭발(화학적)의 조건이란? 밀폐된 공간, 점화원(에너지 조건), 폭발범위(농도조건)을 가지며 압력파의 선행조건으로 폭음을 동반한 이상팽창을 말한다. * **오답**: 화염을 동반

① 화학적 폭발

화학적폭발은 화염을 동반하며 물질 자체 분자구조의 변화에 의해 폭발하는 것을 말한다.

㉠ 분해폭발: 물질이 열을 받아 분해하면서 불이 붙고 산소가 없어도 폭발하는 현상으로서 대표적인 물질은 위험도가 큰 아세틸렌, 산화에틸렌, 에틸렌, 과산화물 등이 있다.

㉡ 중합폭발: 작고 많은 분자가 큰 분자량의 화합물로 변화할 때 염화비닐, 시안화수소, 산화에틸렌 등은 중합에 의해 폭발을 일으키므로 한 장소에 장시간 저장하지 않는다.

㉢ 산화폭발: 기체, 액체, 고체의 주체를 기준으로 가스폭발, 분무폭발, 분진폭발이 있다.

② 물리적(기계적) 폭발

물리적 폭발은 일반적으로 화염을 동반하지 않고 주위의 열을 받는 등 물질의 상태·온도·압력의 변화로 인한 폭발을 말하며 고압용기의 파열, 탱크의 감압파열, 보일러폭발, 진공용기의 증기폭발을 비롯하여 수증기폭발, 폭발적증발, 폭발성화합물의 폭발 등 그 종류가 다양하다.

③ 분진폭발

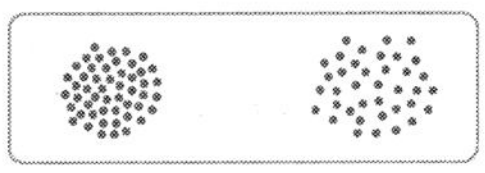

분진(티끌)폭발은 화학적 폭발로서 가연성 고체의 작은 분진이 공기 중에 분산되어 입자표면에서 산화반응을 일으켜 발생되는 현상이다. 분진 입자의 크기는 1~100[㎛]이다. 또한 분진의 종류는 금속분(알루미늄, 마그네슘, 아연 등), 솜, 담배, 황, 석탄, 곡물 등 백여 종 이상에 달하고 있고 각기 특성이 다르지만 / 분진폭발 촉진조건은 밀도, 수분, 입자가 감소할수록 잘 일어난다.

분진폭발이 일반적으로 잘 이루어지지 않는 물질은 석회종류, 가성소다, 탄산칼슘*, 생석회, 시멘트가루, 대리석가루, 유리 등 순서대로 비슷한 용어 몇 가지를 기억할 필요가 있다. ▶ **암기**: 석가탄생시대유 (* **연상**: 석가탄생시대에는 분진폭발이 불가능했다)

분진폭발과 가스폭발 대소의 요약

구 분	가스폭발(기체)	분진폭발(고체)
• 발화(발생)에너지, 파괴력	작다	크다
• CO(일산화탄소)발생률	작다	크다
• 2차, 3차 연쇄폭발현상	없다	있다
• 최초폭발, 연소속도, 폭발압력	크다	작다

폭굉과 폭연의 비교

분 류	폭굉(Detonation)	폭연(Deflagration)
속 도	• 음속보다 빠르다(초음속). • 약 1,000 이상~3,500 m/sec 이하	• 음속보다 느리다(아음속). • 약 0.1 이상~10 m/sec 이하
압 력	• 압력은 약 1,000 kgf/㎠ 압력상승이 폭연의 경우보다 10배 이상이다. 동압이다.	• 충격파 압력은 수기압(kgf/㎠)정도이며 폭굉으로 변화될 수 있다. 정압이다.
에너지	• 에너지 방출 속도가 물질전달속도에 기인하지 않고 아주 짧다.(펑~!) 충격파!	• 에너지 방출속도가 물질전달속도에 영향을 받는다.(픽~!) 비충격파!
온 도	• 온도 상승은 충격파 압력에 기인한다.	• 열(전도, 대류, 복사)에 의한 전파에 기인한다.
파 면	• 파면(화염면)에서 온도, 압력, 밀도가 불연속적으로 나타난다.	• 반응 또는 화염면의 전파가 분자량이나 공기 등의 난류확산에 영향을 받는다.

(*^^ 학습 시 폭연은 아음속으로서 소리의 속도보다 느린 폭발 같지 않은 약한 형태로 생각하면 쉽다.)

④ BLEVE 현상

블래비현상은 "끓는액체 팽창증기 폭발"(Boiling Liquid Expanding Vapor Explosion)이라고 하며 화재 시 외부 탱크벽에 뜨거운 열이 가해졌을 때 "과열된 탱크의 내부 액화가스가 분출되어 착화할 때 폭발하는 현상이다." 탱크 내부는 화염을 동반하지 않는다.

① 화재 시 탱크의 내부 액화가스가 뜨거운 열로 인하여 급격 팽창과 비등으로 내부압력이 증가된다. 탱크의 안전장치 압력 완화율을 초과하면 용기 벽면 등이 균열·파괴·분해돼서 물리적 폭발이 일어나고 그 폭발물이 화염에 착화되어 순간적으로 화학적 폭발로 이어지는 현상으로서 일반적으로 옥외탱크폭발현상이다.

② 폭발 후 불기둥이 상부에 화구(火口)를 형성하며 버섯 구름처럼 화염 덩어리를 만드는데 이를 화이어 볼(Fire ball, 약 1500℃)이라고 한다. 이 폭발은 수 km까지 영향을 미친다.

③ BLEVE(블래비) 현상은 물리적 폭발이 순간적으로 화학적 폭발로 이어지는 현상으로 원인에 따라 물리적 폭발로 분류한다.

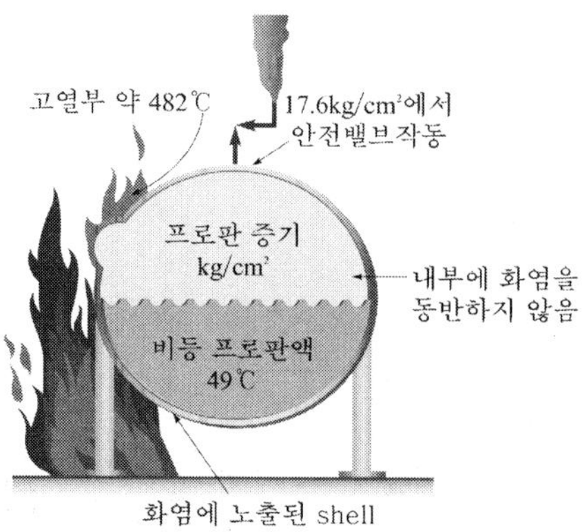

【화염을 동반하지 않고 노출되어있는 탱크】

2. 백 드래프트(逆火 / back burn / Back draft) ★★★

화재 시 역화현상으로서 공기(산소)공급이 좋지 않는 불완전한 연소상태인 훈소상태에서 산소가 부족한 건물 내에 산소가 새로 유입될 때에 화염이 폭풍을 동반하여 실외로 분출되는 고열가스의 폭발이다. 즉 백드래프트는 불완전 연소된 가연성 가스가 차있는 상태에서 소화활동 중에 문을 갑자기 개방함으로써 산소가 급격하게 유입되었을 때 발생하는 화학적 폭발현상이다.

연소를 동반한 각종 이상현상의 개념 정리★★★

- 전실화재, 순간적인 착화현상
- 중기(최성기 직전)의 비정상 연소.
- 복사열이 주원인, 약 500도
- 진한연기 밑으로 깔림
- 가연 → 난연 → 준불연재료 순. 확대된다.
- 화원의 크기, 내장재, 개구부 영향
- 불꽃을 가짐(산소 원활) ⇒ 자유연소
- 화염의 가스가 천장을 구름 ⇒ 롤오버
- 불씨연소로서 불완전연소상태 ⇒ 훈소 (초기의 밀폐된 공간에 산소 부족)

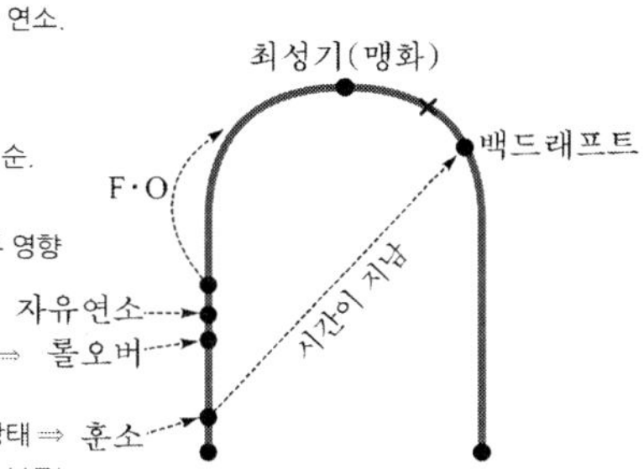

FO와 BD의 비교

- 불씨연소인 불완전 훈소상태에서 시간이 경과함.
- 불씨를 가지면서 가스(CO) 가 차있는 상태임.
- 갑자기 개구부 개방으로 산소유입.
- 산소가 주 원인~고열가스의 폭발 현상임.
- 폭발 직전 특징은 문 손잡이는 뜨겁고
- 문밑으로 휘파람 소리를 내며 바람이 입·출입
- 미국에서는 소방관의 살인 현상이라고도 함.
- 징후: 과도한열, 황회색으로 변하는 검은 연기, 작은 틈새로 나오는 압축된 연기, 건물 내에서 일정한 간격을 두고 뻐끔대며 나오는 연기, 화염이 조금 보이거나 보이지 않을 수 있으며, 연기로 얼룩진 창문 등의 현상을 보인다.

(*^^ 여기서 훈소는 불완전연소로서 불씨만을 가지며 자유연소는 F.O 발생 직전, 불꽃을 가진다.)

백드래프트와 플래시오버의 비교★★

구 분	플래시오버	백드래프트
발생	성장기	성장기 또는 감쇠기
공급원	복사열.	산소가 주요인.
영향	폭발 아님.	화염 및 폭발 수반.
전단계	자유연소상태	불완전연소(훈소상태)
산소량	산소공급원활	산소부족(갑자기 유입)

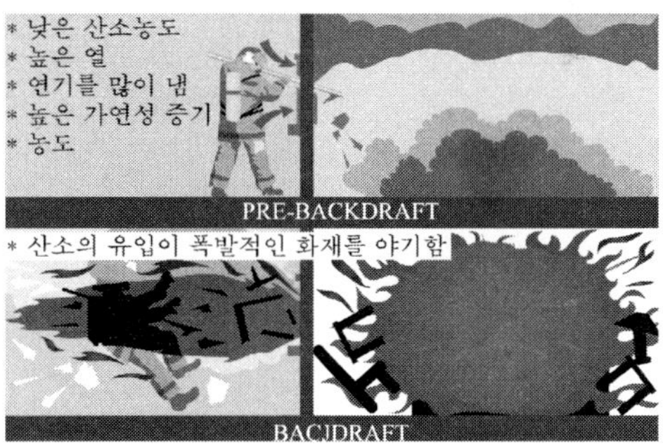

---

* **훈소**: 화재 초기 밀폐된 공간에 산소가 부족하여 불꽃연소를 가지지 못하며 작은 불씨연소만 가지는 상태의 연소

* **롤오버**: 화재 초기 적은 양의 화염의 가연성 가스가 실내의 천장에 부딪쳐서 빠른 속도로 산발적으로 구르는 현상

* **플래시오버**(F.O): 화재 중기 상태에서 카메라 섬광의 플래시처럼 갑작스런 연소의 착화현상으로 비정상연소이다.

* **백드래프트**(B.D): 밀폐된 공간에 산소가 부족하면서 가스가 가득 차 있는 상태에서 갑자기 개구부 개방으로 새로운 산소가 유입될 때 불완전연소의 불씨가 화염으로 변하면서 폭발을 동반하여 실외로 분출되는 CO 폭발이다.

CHAPTER 3 소화이론

01 소 화

1. 소화방법★★★

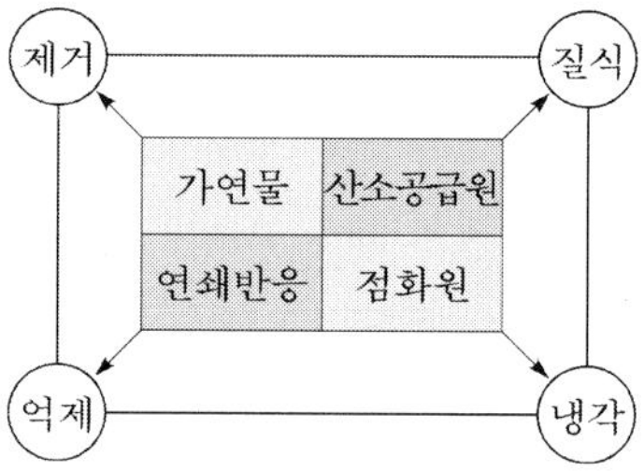

소화는 제거·냉각·질식 및 부촉매(억제) 소화 등으로 나누고, 그 외 유화·희석·피복·방진·탈수소화가 있다.

(1) 질식소화

산소의 양을 차단하거나 15% 이하로 감소하는 것으로 수건, 담요, 이불 등을 덮는 방법과 거품(포)·분무주수, 분말·할론·CO_2 소화약제로 연소물을 질식시키는 경우가 있다.

(*^^ 대부분의 소화약제는 모두 질식성이 있다. 다만 상대적으로 그 효과가 다를 뿐이다.)

(2) 냉각소화

가연물에 물 등을 뿌려서 발화점 이하로 냉각시키는 것으로 열의 공급은 점화에너지를 의미하며, 그 점화에너지를 차단하는 작용을 말하며 물·CO_2·할론·포소화약제 등이 있다.

(3) 부촉매(억제)소화

물질이 탈 때 화학적 연쇄반응을 지속하게 하는 유리기를 자유래디컬(활성기, 활성종)이라 하며 이를 제거하면 곧 소화가 된다. 즉, 억제소화는 가연물의 연쇄반응에서 핵심적인 역할을 하는 래디컬(Radical)을 저지하여 산소와 접촉되는 더 이상의 래디컬을 만들지 못하도록 한 화학적 소화방법으로 할론·분말 또는 무상의 강화액 소화약제가 있다.

(*^^ 새싹이 돋아나는데 제초제를 뿌려, 돋아나지 못하게 하는 원리로 생각한다.)

▶ **암기**: 억제할분 (* **해설**: 억제소화는 할론과 분말이 대표적이다.)

물리적 소화	질식	산소 차단	산소농도를 15% 이하로(액체를 기준)
	냉각	점화에너지 차단	열을 흡수, 연소상태를 발화점 이하로
	제거	가연물 차단	원인과 상태를 격리, 차단 등으로
화학적 소화	억제(부촉매)	연쇄반응 차단	자유래디컬을 흡착하여 연소상태를 저지

(4) 제거소화

가연물을 차단(격리, 파괴, 이동, 소멸, 용량의 감소)시키는 것이다.

▶ 격파 이소룡

① 산불화재 시 주위 나무를 벌채하는 것
② 전기화재의 경우 전원을 차단시킨다.
③ 가스화재 시 원료 공급관의 밸브를 잠그는 것
④ 촛불을 갑자기 입으로 불어서 껐을 때 화원으로부터 격리시키는 것
⑤ 유전화재에 질소폭탄을 투하하여 순간적으로 유전 표면의 증기를 날려 보낸다.
⑥ 유류탱크 화재 시 탱크 밑으로 기름을 빼내는 방법(배유, 드레인) 등으로 분류할 수 있다.
⑦ 화재 시 창고 등에서 물건을 빼내어 옮기는 것 등으로 분류할 수 있다.

(5) 유화소화

물보다 비중이 큰 비수용성(예 중유)의 화재 시 포 혹은 무상주수로 유류 표면을 뿌려서 증기 발생을 억제시키며 연소성을 상실시키는 효과이다. 즉, 물보다 비중이 무거운 비수용성 유류이니 포(거품)나 무상주수로 쏘면 물이 기름 위에 뜨게 되고 물과 기름의 엷은 막(에멀션 효과, 유탁액)을 만들게 되니 이 층이 유화층이며 유면의 불꽃으로부터 산소를 차단시키는 원리이다. 이는 비수용성 유류라는 조건에서 원인이 유화소화이며 결과는 질식이 된다.

✪ 우유가 오래되면 윗층에 막이 생기는데 이 층이 유화층이 된다.
(*^^ 동의어로 유화란? 기름에 갠 물감으로 그린 서양식 그림을 말한다.)

(6) 희석소화

산소농도나 가연물의 조성을 연소범위 이하로 희석시키는 것으로 ① 고체는 모래 등을, ② 액체의 경우는 물로서 ③ 기체의 경우는 불활성 기체 등을 희석하여 소화하는 것을 말한다.
(*^^ The 쉽게 가연물의 분해가스나 증기의 농도를 묽게(희박하게) 낮추어 착화되지 않게 한다.)
(※ 희석소화: 분해가스나 증기의 농도를 엷게 낮춤. / 질식소화: 산소 농도를 낮춤 또는 차단.)

기타 소화

- 피복소화: 이산화탄소를 방사시 공기보다 1.5배 무거워 피복효과를 갖는다
- 방진소화: 제3종 분말소화약 메타인산이 잔진연소를 방어하는 방진작용을 갖는다.
- 탈수소화: 제3종 분말소화약제 열분해 시 오르쏘인산 등이 탈수작용을 하게 된다.

실제 현장에서의 소화약제 작용

소화약제	주요작용	기타작용	소화약제	주요작용	기타작용
물(봉상, 적상)	냉각	희석·질식	포	질식	냉각·유화
물(무상)	질식	냉각·유화·희석	이산화탄소	질식	냉각·피복

2. 소화약제*

1) 포 소화약제(거품소화약제, 포말, Foam)

(1) 개 요

포(Foam)는 발포기구에 따라 화학포와 기계포(공기포)로 나누며 기계포는 펌프를 사용하여 마이크의 그물망과 같은 포의 발포기를 통해 공기와 혼합하여 거품을 형성한다. 기계포는 포의 팽창비가 커서 옥외탱크 대규모 유류화재에는 적합하다. 그러나 포는 약 90% 이상이 물이므로 변전실 등 전기화재, 금속화재에는 사용할 수 없다. 포는 내열성, 발포성, 안정성, 점착성, 내유성, 유동성, 비소포성이 있어야 한다. ▶ **암기**: 내발 안젊내유~

(2) 특 징

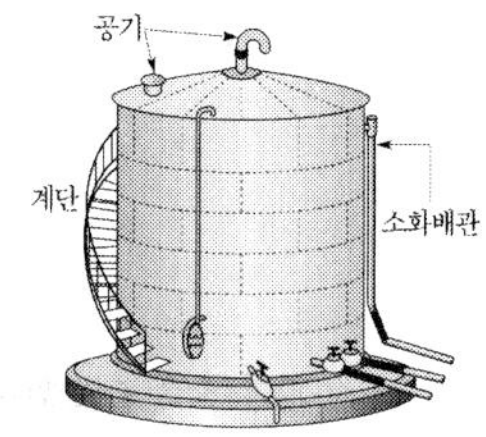

① 소화효과: 질식·냉각효과

▶ **암기**: 포유류 (* **해설**: 포는 유류화재에 최고)

② 적응화재: 유류·일반화재.

※ 위험물 소화: 제 1류~3류 일부, 4류~6류 전부에 가능.

(3) 종 류

① 수성막포(AFFF)

현재 사용 중인 포 소화약제 중 가장 우수하며 주성분은 무독성의 불소계 계면활성제이며 갈색의 약제이다 약한 필름형태의 피막(코팅)이 된 포이다. O→ ◎

㉠ 라이트워터라고도 불리며 단백포보다 약 3~5배 효과가 크지만 가격이 비싸다.

㉡ 분말소화약제인 드라이케미컬과 함께 사용할 경우 소화효과가 약 7~8배 커진다.

㉢ 유류탱크 화재 시 탱크 하부에서 발포하는 표면하주입방식(SIS방식)을 사용한다. 그러나 1,000℃ 이상의 뜨거운 탱크벽에는 약하다. 발포형은 3%, 6%형으로 사용된다.

㉣ 적응화재: 유류탱크 화재, 비행기 격납고, 주차장 등

【비행기격납고의 수성막포 소화설비】

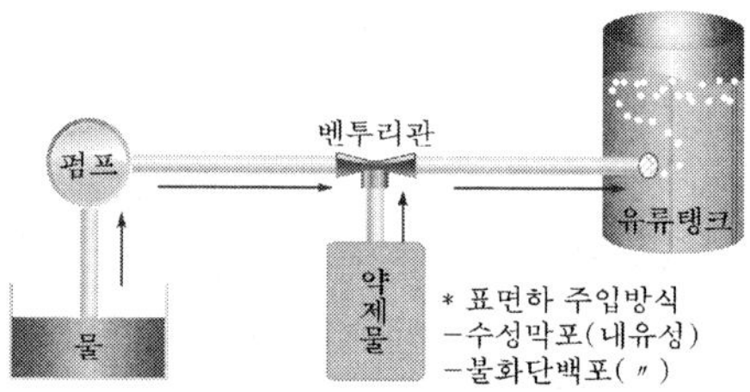

【유류저장탱크의 표면하 주입방식】

② 내(耐)알코올포(AR, 알코올포)

알코올, 아세톤 등 수용성 액체에 사용하는 특수포이며 알코올이 원료가 아니다.

㉠ 포는 90% 이상이 물이므로 수용성 위험물에 사용하면 포가 물과 섞인다. 그래서 수용성 유류화재에 적합한 단백질 가수분해물과 금속비누를 혼합해서 유화(乳化)시키면 지방산 염의 피막(코팅)을 생성하기 때문에 첨가물이 녹지 않는다. O→ ◎
단점: 장시간 저장하면 침전되니 즉시 사용.(다른 포와 병행이 불가능)

㉡ 주로 3%형과 6%형(물 94%)이 사용된다.

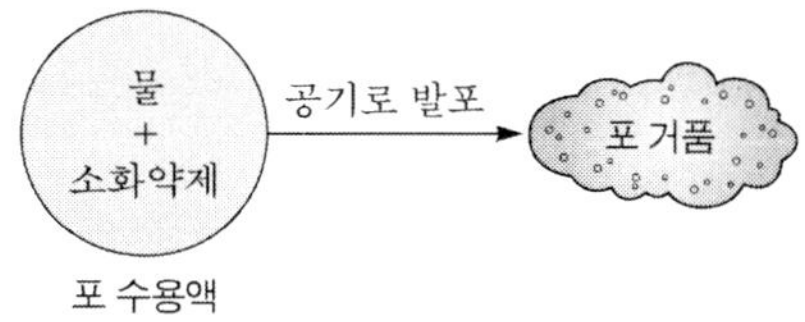

③ 단백포(P)

흑갈색의 끈끈한 단백계의 약제로 내열성과 점착성이 우수하다.

㉠ 동물의 단백질 가수분해생성물(소의 뿔, 발톱, 동물의 피) 등에 제1철염($FeCl_2$)의 포 안정제를 첨가시킨 것으로서 3%, 6% 형이 있고 약 3년 보관할 수 있으며 안정성이 있다.

㉡ 한랭지역에서 유동성과 내유성이 작아 소화효과가 작다. 가격이 싸고 박테리아균을 분해할 수 있어 친환경적인 반면에 기름을 오염시키는 유염성*이 있고 부식성이 있다.

④ 불화단백포(FP, 불소단백포)

수성막포와 단백포의 단점을 개선한 포이다.

㉠ 수성막포의 내열성과 단백포의 유동성과 내유염성 등을 증대시키기 위하여 단백포에 불소계 합성계면활성제를 첨가하였다. 발포형은 3%, 6% 가 있으며 장기 보관이 가능하나 가격이 비싸서 유통이 잘 안된다. 유류유출 화재 및 저장탱크화재에 사용한다.

㉡ 표면(액면)하 주입방식에 사용 - 이 방식은 하부에서 발포되므로 유염성이 없다.

⑤ 합성계면활성제포(SF, 합성포)

합성계면활성제에 물을 혼합한 뒤 안정제, 부동제, 방청제 등을 첨가해서 사용된다.

㉠ 발포배율(팽창배율)에 따라서 고발포형(1%, 1.5%, 2%)과 저발포형(3%, 6%)이 있다.

㉡ 장점은 추위에 안정성이 있고 점착성이 있으나 단점으로는 약제가 쉽게 분해되지 않아서 환경문제도 있다.

※ 화학포의 화학식: $6NaHCO_3 + Al_2(SO_4)_3 \cdot 18H_2O \Rightarrow 3Na_2SO_4 + 2Al(OH)_3 + 6CO_2 + 18H_2O$

포의 팽창비

구분		팽창비
저 발 포 (3%, 6%)		6 이상~20 이하
고 발 포 (1%,1.5%, 2%)	제1종 기계포	80 이상~250 미만
	제2종 기계포	250 이상~500 미만(▶ 1·3종 사이 숫자)
	제3종 기계포	500 이상~1,000 미만

* 수용성 액체: 케톤유, 퓨젤류 등　* 유염성: 포가 기름으로 오염됨　* 저발포형: 팽창비가 20 이하인 포
* 표면하주입방식: 탱크 내 유류표면 아래에서 포를 주입하는 방식　* 고발포형: 팽창비가 80~1,000 미만인 포

2) 이산화탄소 소화약제★★

(1) 개 요

화학식은 CO_2 이며 기체를 탄산가스, 액체를 액화탄산가스, 고체를 드라이아이스라 한다.

① CO_2 는 더 이상 산소와 화합하지 않기 때문에 심부* 화재(일반화재)와 표면화재(유류 및 가스화재)로 사용되며 전기가 통하지 않기 때문에 전기화재에 적합하다.
(*^^ 결국 CO_2 등 가스계 약제는 주로 C급 소화에 사용되지만 A~C급에도 사용이 가능하다.)

② CO_2 는 값이 싸고 액화하기 쉬우나 설비가 고압이어서 방출 시 연약한 여성의 고막이 터질 정도로 소리가 크며 방사 시 약 -80℃까지 하강하므로 동상 우려가 있다.

(2) 이산화탄소 소화약제의 특징

이산화탄소 소화약제의 장단점을 살펴보면 다음과 같다.

장 점	단 점
소화 후 깨끗하여 피연소물에 피해가 적고 증거보존이 용이하여 화재원인조사가 쉽다.	고압으로 고압가스안전관리법의 적용을 받는다. 고압으로 방사 시 소음이 크며 질식우려가 있다.
침투성이 좋고 심부화재와 표면화재에 적합하며 비전도성으로 전기화재에 좋다.	분말이나 할약제에 비해 소화력이 떨어진다. ※ CO_2 (1)을 기준 < 분말(2) < 할론1301(3)
장시간 저장해도 변화가 적고 한랭지역에서도 동결우려가 없고 CO_2 자체압으로 방사가 가능하다.	CO_2 는 방사할 때 기화열 흡수로 인한 소화기 본체와 호스가 냉각되므로 인체에 동상 우려가 있다.

(3) CO_2 체적농도

$$CO_2[\%] = \frac{21 - O_2}{21} \times 100$$

- 21: 공기 중 산소농도
- O_2: 산소농도(CO_2 방출로 인한 산소농도)

(4) CO_2와 할론을 사람으로 비교한 학습(* 20代: 80代)★★

이산화탄소(20대)	특 징	할론(80대)	특 징
• 힘이 좋다	자체 힘으로 방사한다	• 힘이 없다	압력이 약하다
• 지혜가 약하다	소화력이 부족하다	• 지혜가 있다	소화력이 우수하다
• 목소리가 크다	고압가스법을 적용	• 치매현상이 있다	비환경성, 독성 있다
• 추위에 강하다	한랭지역에 우수하다	• 고려장을 하다	사용금지 품목이다
• 소화는 질식으로	산소 차단작용	• 소화는 억제로	연결을 막는 작용

(5) CO_2 소화효과와 적응화재:

질식·냉각·피복효과와 전기화재, 유류화재 등에 적응된다.

* 심부: 표면에서 깊은 곳(중심부)
* 임계온도: 기체가 액화될 수 있는 최고 온도로서 31℃ 이다.
* 삼중점: -56.3도 이상일 때 액체로 존재할 수 있다. 이 온도에서 압력에 따라 고·액·기체가 평형·공존한다.

3) 할론 소화약제

(1) 개 요

할론 소화약제는 화재 발생 시 할로겐 원자의 억제작용에 의하여 연쇄반응을 하고 있는 가연물을 억제하며 질식작용과 냉각작용도 하는 가장 우수한 화학적 소화약제이다.

① 그 종류는 1301, 2402, 1211, 1011, 1040 등 약 10여가지가 있는데 이는 탄소(C), 불소(F)*, 염소(Cl)*, 취소(Br)*의 순서대로 원자수를 나타내며 그 조합된 숫자로서 이름을 부른다.

② 할론(하론) 이 소화약제는 방사 시 프레온가스 발생된다.
이로 인하여 오존층 파괴물질로 거론되어 지구상 환경문제로 현재 생산이 중단되었으며 CO_2 소화약제와 비교하자면 약 2~3배 이상 소화효과를 갖지만 종류에 따라서 약간의 독성들이 있다.

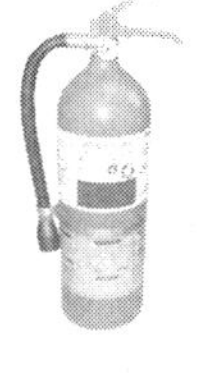

【할론1211】

(2) 종류 및 특징

소화효과가 큰 순으로 살펴보면 다음과 같다.(* 방사시 프레온이 발생되어 생산 중단됨)

① 1301(CF_3Br)★ 상온에서 무색·무취 기체이며 공기보다 5.14배 무겁다. 독성이 거의 없어 지하층, 무창층 사용가능, 소화효과가 가장 좋다. 방출 시 오존층 파괴가 가장 크다.

② 1211(CF_2ClBr): 상온에서 기체이며 안정성도 가장 높고 독성도 약하다. 자체 압력이 낮아 가압용 가스(질소)를 넣어 사용하며 백화점 등 이동식 소화기로도 사용된다.

③ 2402($C_2F_4Br_2$): 상온에서 액체이며 비교적 독성이 있으며 공기보다 9배로 가장 무겁다.

④ 1040(CCl_4): 사염화탄소라고도 불리며 최초로 사용된 소화약제로 방출 시 포스겐 이라는 독가스가 생성되므로 독성이 가장 커서 오래전부터 법적 규제로 사용되고 있지 않다. 그 외 1011(CH_2ClBr) 등이 있다.

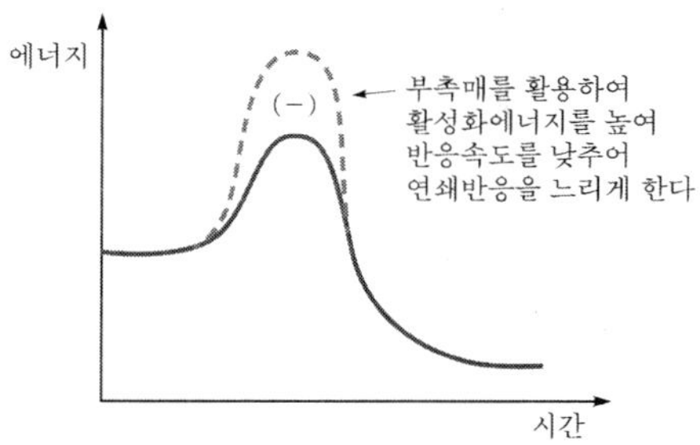

⑤ 소화효과: 억제효과·질식효과 및 냉각효과

⑥ 적응화재: 유류화재(B급), 전기화재(C급), 통신실화재 등

⑦ 오존층 파괴지수(O.D.P): 1301 > 2402 > 1211

⑧ 할론 소화설비의 장·단점

장 점	단 점
억제(부촉매)*작용으로 연소억제 작용이 매우 크다.	가격이 비싸다.
금속에 부식성이 적으며 약제의 변질 및 분해가 없다.	대기오염이 크다. (오존층을 파괴)
비전도성으로 전기화재에도 유효하다.	※ 지구상에 사라져가는 소화기이다.

* 상온: 평상시 온도 * 부촉매: 억제 * 불소: 플루오린 * 염소: 클로린 * 취소: 브롬 * 옥소: 요오드

4) 분말 소화약제★★

제1종 ~ 4종이 있고 모두 질식·부촉매소화효과가 있으며 무독성이다. 또한 비전도성으로 전기화재에 사용할 수 있으며 약제를 연소물에 뿌리면 열분해 반응으로 CO_2, H_2O, HPO_3 등이 생성되어 표면화재에 속성이 있다. (*^^사무실 복도 등 사용되는 것은 제3종이다.)
분말은 너무 커도 너무 미세해도 안되며 적당한 입도는 20~25 ㎛(micron)이다. 분말은 털면 털어지기 때문에 오염은 적지만 정밀기기류나 통신기기류는 부적합한 소화약제이다. 방습제로서는 실리콘오일, 스테아린산 아연, 스테아린산마그네슘 등이 있다.

(1) 종류 및 특징

분말소화약제를 각 종별로 분류하여 구체적으로 살펴보면 다음과 같다.

종별	소화약제	착색	소화	열분해 반응식
제1종	중탄산나트륨 ($NaHCO_3$)	백색	B·C급	**2Na**HCO_3 → $NaCO_3$ + $\underline{CO_2}$ + H_2O
제2종	중탄산칼륨 ($KHCO_3$)	담회색 (보라)	B·C급	**2KH**CO_3 → K_2CO_3 + $\underline{CO_2}$ + H_2O
제3종	제1인산암모늄* ($NH_4H_2PO_4$)	담홍색 (분홍)	A·B·C급	$NH_4H_2PO_4$ → $\underline{\mathbf{HPO_3}}$ + $\mathbf{N}H_3$ + H_2O (*$\mathbf{P}_2O_5$)
제4종	중탄산칼륨+요소 $KHCO_3$ + $(NH_2)_2CO$	회색	B·C급	$2KHCO_3$+$(NH_2)_2CO$ → K_2CO_3+$2NH_3$+$\underline{2CO_2}$

▶ **암기**: 나칼인요 (* **연상**: 분말소화약제는 나가리요)
▶ **암기**: H N P (* 해설: HPO_3 + NH_3 + P_2O_5) (* 연상: 3종분말은 홍난파가 나온다)

*^^ 화재 시 열과 접촉하여 1·2·3종은 H_2O, / 1·2·4종은 CO_2가 생성된다. / * 3종: CO_2(x)

① 1종분말(중탄산나트륨, 탄산수소나트륨, 중조): 열분해 시의 CO_2에 의한 질식 및 냉각 작용이 있다. 특히 식용유화재에 나트륨을 가하면 지방을 가수분해하는 비누화현상으로 거품을 생성하여 질식소화 한다.

② 2종분말(중탄산칼륨, 탄산수소칼륨): B·C급 화재에 사용되며 1종 분말보다 약 1.67배 소화효과가 있으며 가격이 더 비싸다. 색상은 담회(담자, 보라)색이다.

③ 3종분말(제1인산암모늄): 열분해 시 CO_2 대신 '메타인산'이 생성되어 가연물의 표면에 점착되어 산소를 차단한다. 하지만 1종분말약제 외에는 비누화현상이 일어나지 않아 식용유화재에는 효과가 작다. A·B·C급 화재에 유효하다.

④ 4종분말(탄산수소칼륨+요소): 가루는 회색이며 B·C급 화재에 사용된다. 분말소화약제 중 소화성능이 가장 좋으나 비싸서 유통되지 않는다.
(*^^ 분말소화약제는 4가지 외에 포와 함께 사용하는 CDC, 또한 금속화재용 소화약제가 있다.)

* 중탄산나트륨: 탄산소다 수용액에 탄산가스를 통해 얻음. 탄산수소나트륨, 중탄산소다, 중조, 베이킹소다

⑤ 소화효과: 억제·질식소화효과 및 열분해 흡열반응에 의한 약간의 냉각효과
⑥ 적응화재: 유류(B급), 전기화재(C급) (제3종은 A·B·C급 화재에 적합.)

(2) 분말 소화설비의 장·단점

장 점	단 점
질식효과, 부촉매(억제)효과가 있다.	유류화재 소화 후 재 착화 위험성이 있다.
약제수명이 반영구적(법적으로 10년), 무독성,	방출 시 고압을 필요로 한다(질소 혹은 CO_2 사용).
비전도성이며 진화시간이 짧다. 확대가 빠른 가연성 액체의 표면화재에 좋다.	침투성이 나쁘며 물과 함께 소화 후 방사된 잔유물이 피연소물에 피해를 준다. 금속류에 효과가 없다.

■ **제3종 분말소화약제의 소화효과**

① 유리된 암모늄(NH_4^+)이온에 의한 **부촉매효과**
② 암모니아(NH_3), H_2O 등에 의한 **질식효과**
③ 열분해 시(H_2O 등)흡열 반응에 의한 **냉각효과**
④ 분사 시 발생된 분말의 운무가 화염으로부터 방사(복사)열을 차단하는 **효과**
⑤ 반응과정에서 생성된 메타인산(HPO_3)의 **방진효과**
⑥ 오르쏘인산에 의한 섬유소(셀룰로오즈), NH_3, H_3PO_4 등의 **탈수·탄화작용.**
(*^^ 인산은 물과의 결합정도에 따라 메타·피로·오르쏘인산 3가지로 구분한다.)

5) 기타 소화약제★

① 강화액(loaded stream)소화약제: A급화재 (무상: A, B, C급)
물에 탄산칼륨(혹은 인산·황산암모늄)을 첨가한다. 법적 응고점은 −20℃ 이하에서도 얼지 않아 한랭지역에 가능하다. 냉각·부촉매·질식효과로 사용된다.
(*^^ 물이 약 60%이며 성능을 높이기 위해 혼합된 탄산칼륨이 부촉매작용을 한다.)

② 산·알칼리소화약제:
외통제는 알칼리(중탄산나트륨) 수용액과 내통제는 산(황산)이 들어있어 용기를 뒤집거나(전도식) 흔들어(파병식) 서로 혼합된 CO_2 자체압력에 의해 방사된다.
(*^^ 외통은 탄산수소나트륨 7%+물, 내통은 황산 70%+물로 혼합한다.)

③ 물소화약제:
물은 3가지 주수형태(봉상, 적상, 무상)와 4가지 소화작용(냉각·질식·유화·희석)이 있다.
물 입자크기를 비교했을 때 그 크기는 스프링클러 〉 물분무 〉 미분무 순이다.
(*^^ 봉상은 몽둥이 棒자, / • 적상은 물방울 滴자, / • 무상은 안개 霧자를 사용한다.)

※ 자동차용 소화기는 분말, 할론, 탄산가스(이산화탄소), 포, 강화액(무상의 것) 소화기이어야 한다.

6) 할로겐화합물 및 불활성기체 소화약제

할론소화약제를 대신하여 오존층을 보호하기 위해 친환경적인 소화제로서 개발되고 있다.

(1) 할로겐화합물 및 불활성기체 소화약제 종류

① 할로겐화합물 소화약제: 불소, 염소, 취소(브롬) 또는 옥소(요오드) 중 하나 이상의 원소를 포함하고 있는 유기화합물을 기본성분으로 하는 소화약제.

② 불활성가스 소화약제: 헬륨, 네온, 아르곤 또는 질소가스 중 하나 이상의 원소를 기본성분으로 하는 소화약제

할로겐화합물 소화약제

소 화 약 제	화 학 식
퍼플루오로 부탄(이하 "FC-3-1-10"이라 한다)	C_4F_{10}
하이드로클로로플루오로카본혼화제 (이하 "HCFC BLEND A"라 한다)	HCFC-123($CHCl_2CF_3$): 4.75% HCFC-22($CHClF_2$): 82% HCFC-124($CHClFCF_3$): 9.5%, $C_{10}H_{16}$: 3.75%
트리플루오로이오다이드(이하 "FIC-13I1"라 한다)	CF_3I

불활성가스 소화약제의 종류*

소 화 약 제 (불연성·불활성기체혼합가스)	화 학 식
불연성·불활성기체혼합가스 (이하 "IG-01"이라 한다) ☞	Ar(아르곤)
〃 (이하 "IG-100"이라 한다)	N_2(질소)
〃 (이하 "IG-55"이라 한다)	N_2: 50%, Ar: 50%
〃 (이하 "IG-541"이라 한다) ☞	N_2: 52%, Ar: 40%, CO_2: 8%

(2) 특 징

① 소화효과: 질식·억제·냉각효과

② 적응화재: B·C급 화재(전역방출방식: 일반화재 가능). 지하층, 무창층 사용가능

③ 사용 제외장소: 사람이 상주하는 장소 및 제3류·제5류 위험물을 사용하는 장소

■ **소화약제의 소화효과**

① ODP(오존층파괴지수)와 GWP(지구온난화지수)가 0일 것.

② 피연소물에 대해 물리적 변화·화학적 변화를 주지 않을 것.

③ 휘발성과 증발 후 대기 중 잔여물을 남기지 않는 깨끗한 소화약제일 것.

(3) 기타 용어

① LOAEL: 농도를 감소시킬 때 심장에 악영향을 미칠 수 있는 최소농도. ▸ 엘감있소!(최소)

② NOAEL: 농도를 증가시킬 때 심장에 악영향도 미치지 않는 최대농도 ▸ 엔증있대!(최대)

참고 유체이론

1. 공동현상(Cavitation)

공동(空洞)현상은 물 속에서 공기방울이 생기는 것이라 할 수 있다.

- 진공 속에 들어온 물이 증발하여 액체가 기체가 되는 현상이다.
- 펌프 위치가 높거나 펌프의 흡입력이 낮을 때 발생하며, 물이 증발해서 물속에 용해되어 있던 공기가 물과 분리되어 기포(공기 거품현상)가 발생하는 압력이 약한 현상 등이다.
- 하단 요약정리와 각 항마다 개념 정리하였으니 이를 이해하는 데 중점을 둔다.

① 공동현상 발생 원인

① 펌프의 설치 위치가 수원보다 높은 경우.(펌프 흡입 길이가 높을 때)

② 펌프의 흡입측 수두가 클 경우.(펌프가 높을 경우)

③ 펌프가 흡입하는 압력이 유체의 증기압보다 낮을 경우.(흡입력이 약할 때)

④ 펌프의 흡입관경이 너무 작거나 흡입거리가 길 때.(배관에 부딪쳐서)

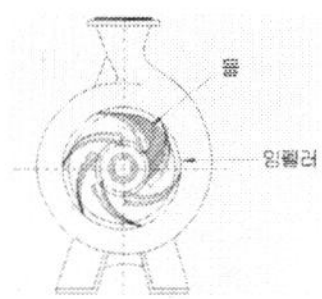

⑤ 펌프의 임펠러 속도 및 마찰 손실이 클 경우.(날개바퀴와 물의 마찰로)

⑥ 배관 내의 물의 온도가 높을 때(물의 퍼짐현상으로)

(*^^ ①②③은 수원보다 펌프가 너무 높아서 발생하는 현상이다.)

② 공동현상 발지대책

① 펌프의 설치 위치를 가급적 낮춘다.(펌프 위치를 낮게 할수록, 물에 가깝게)

② 펌프의 흡입측 수두 및 마찰 손실을 적게 한다.(펌프를 낮게, 마찰을 적게)

③ 펌프의 흡입관경을 크게 한다.(관경이 크면 물이 배관에 덜 부딪친다)

④ 흡입관의 배관을 간단히 한다.(배관이 꺾이고 복잡하면 더 부딪친다)

⑤ 펌프의 날개바퀴인 임펠러 속도를 적게 하거나 수중에 잠기게 한다.(마찰이 줄어든다)

⑥ 양흡입 펌프를 사용한다.(양쪽에서 물을 흡입하여 속도를 줄인다)

⑦ 펌프를 2대 이상 설치한다.(2대를 설치하여 일정량을 천천히 흡입)

■ **핵심 개념**

① 펌프가 수원보다 높을수록

② 물이 고온일수록

③ 배관이 가늘고 복잡할수록

④ 속도가 빠를수록

임펠러

► **암기** : 높고 가복빠(* 공동현상 어려워 놓고 가고파)

(*^^ 공동현상의 방지대책은 펌프의 위치, 온도, 속도 등을 낮춘다고 생각한다.)

2. 수격작용(Water hammering)

펌프에서 물이 이동할 때 정전 등으로 갑자기 펌프가 정지하거나 갑자기 밸브를 잠글 경우 배관 내 유체의 운동에너지(동압)가 ➡ 압력에너지(정압)로 변하면서 고압이 발생하고 유속이 급변하여 압력 변화를 가져와 배관 내 벽면을 치는 현상 등이다.

■ 공동현상은 펌핑* 시 공기방울이 생기는 현상. / 수격작용은 물이 흐르다가 부딪치거나 멈춤현상.

① 수격작용 발생 원인 : 정전 등으로 갑자기 펌프가 정지할 경우, 갑자기 밸브를 잠글 경우, 펌프의 정상 운전 시 유체의 압력이 변하는 경우.

② 수격작용 방지 대책 : 조압수조* 혹은 수격방지기를 설치, 펌프에 플라이휠(fly wheel)을 설치하여 펌프 속도변화를 방지, 관경을 크게 하여 유속을 낮추며 에어챔버를 설치, 밸브는 펌프 가까이 설치, 제어한다.

수격방지기

3. 맥동현상(Surging, 써징현상)

펌프 운전 시 송출 압력과 송출 유량이 주기적으로 변동하는 현상이다. 주로 공동현상 이후에 발생하며 유량이 변하여 펌프의 입구·출구에 설치된 진공계·압력계가 흔들리는 진동·소음이 발생하며 토출유량이 변한다. 즉, 펌프 운전 시 규칙적으로 발생한다.

4. 이상기체 상태방정식

이상유체란 실제유체를 비압축성이며 점성이 없는 유체로 가정하여 다음과 같이 표시한다.

① $PV = nRT$ ($PV = \frac{W}{M}RT$)　즉, $PVM = WRT$

P: 압력[atm]　V: 부피　n: 몰수:　R: 0.082　T: 절대온도(273+℃)°k　w: 무게(g)　M: 분자량

5. 베르누이의 정리

베르누이는 유체의 위치에너지와 운동에너지의 합은 항상 일정하다고 규정하고, 단면적이 큰 곳은 유체의 흐름이 느리고 압력은 높으며, 단면적이 작은 곳은 유체의 흐름이 빠르고 압력은 낮다고 정리한다.

(*^^ 스위스 과학자)

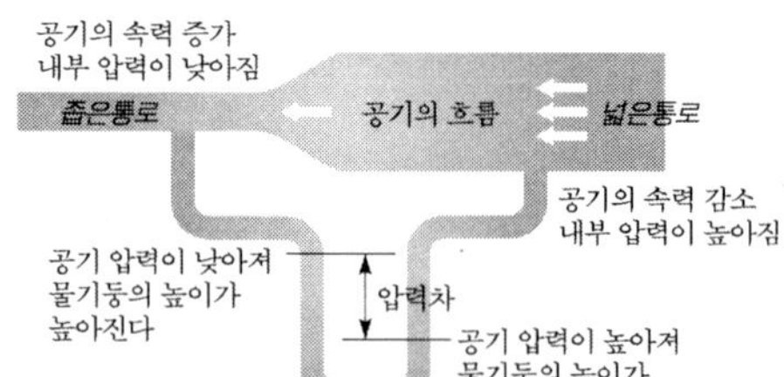

베르누이의 원리

---

* 기포: 거품현상　*맥동: 고동,(써지: 밀려오다)　* 임펠러: 펌프 등의 회전체.(날게 바퀴)
* 펌핑(Pumping): 펌프가 물을 끌어올리는 것
* 수두: 높은 곳에 있는 물이 가지는 기계적 에너지·압력·속도 등을 물의 높이 등으로 나타낸 값.
* 조압수조(surge tank): 압력을 조절할 수 있는 수조　　* 수격방지기: water hammering cusion

PART 4

화재조사

한눈목차 한눈으로 학습하는 숲의 내용

1 화재조사

- **1** 화재조사목적
  - (1) 화재조사의 목적 → 예방과 통계
  - (2) 용어의 정의 → 화재·감식·감정·조사 등
  - (3) 화재조사 → 화재원인조사 및 피해조사
  - (4) 소실정도 → 전소, 반소, 부분소 / 입체면적
  - (5) 화재건수 → 동일범 아니면 별건, 자연적이면 한건
  - (6) 소실면적 → 소실면적은 바닥면적
  - (7) 건물동수 → 연결되면 하나(단, 건널복도는 각 동)
- **2** 기타 사항

2 화재 예방 경계 진압

- **1** 소방력
  - (1) 소방력의 3요소 → 인원, 장비, 물.
  - (2) 소방장비 - 기동장비, 화재진압장비, 구조장비 등
- **2** 소방 예방, 경계, 진압 — • 소방활동의 특수성 / 인명검색시 안전행동지침
- **3** 화재진압전술 — • 선착대·후착대 / 소방전술 / 방수의 종류
- **4** 화재진압활동 — • 단계별활동 / 현장대원 / 주수방법 / 화재진압 우선순위 등

3 구조이론

- **1** 119구조구급법령
  - (1) 특수구조대의 종류 - 화학·수난·고속국도·산악·지하철
  - (2) 구조대원 자격 - 인명구조사 / 2년 / 응급구조사의 소방청장교육
- **2** 구조활동 절차 — • 구명→ 구출→ 고통경감→ 재산보전
- **3** 구조장비 — • 절단구조장비, 중량물작업장비 등
- **4** 구조기술 — • 로프매듭법, 구조대원의 활동요령

4 구급이론

- **1** 구급대의 법령
  - (1) 구급대원의 자격 - 의료인, 1·2급응급구조사, 소방청장의 교육
  - (2) 구급요청의 거절 - 단순골절 · 38도 고열환자는 거절 제외
- **2** 응급활동의 개요
  - (1) 응급처치, 선한사마리아인법
  - (2) 구급환자의 중증도 분류
    - ① 긴급환자(적색) → 호흡 30회 초과
    - ② 응급환자(황색) → 45~60분 견딤
    - ③ 비응급환자(녹색)→ 경미한 환자
    - ④ 사망환자(흑색) → 사망·사망예견
- **3** 응급처치기술
  - (1) 응급처치 정의
  - (2) 환자평가(1·2차)
  - (3) 응급환자
  - (4) 외상처치
    - ① 응급구조사 분류 → 1·2급응급구조사
    - ② 응급의료체계의 구성 → 일반인·최초대응자·응급간호사·응급구조사 등
    - ③ 응급처치의 기본사항 → 기도유지·지혈처리·쇼크방지·상처보호
    - ④ 기도유지법 → 머리기울림 턱들기법, 턱밀어올리기법
    - ⑤ 기도폐쇄환자 → 배 밀어내기(5회)
    - ⑥ 인공호흡 → 10초이내 의식확인→ 2회 선호흡→ 10회/분 호기
    - ⑦ 심폐소생술 → 30 : 2회(* 100~120번/분, 5cm 깊이)
    - ⑧ 쇼크 → 심장·신경·호흡·출혈·저체액·패혈·과민성 쇼크
- **4** 화상 — ① 1도화상(표피- 홍반성) < ② 2도화상(진피- 수포성) < ③ 3도화상(전층- 괴사성)
- **5** 응급의료장비

4.5편 접근 목차 접근성 이야기

화재조사, 구조 구급의 분석

제4편 "화재조사" 는 "화재조사 및 보고 규정" 의 관계법규 요약으로 쉬운 이론이다.
주요 내용은 화재조사 ① 용어의 정의 ② 원인과 피해조사 ③ 소실정도 ④ 화재의 건수 결정, ⑤ 건물의 동수산정 등이다. 어렵지 않는 내용이다.

－－－－*

제5편 "구조론" 은 짧은 시간이 요구되는 "119구조구급에 관한 법령" 의 핵심 축소된 이론이다.
① 구조대원의 자격 ② 구조대의 종류(* 특히 특수구조대) ③ 구조활동의 우선 순위 등의 주요 내용으로 구조파트에서 로프는 2011년 이후 아직 시험에 출제되지 않고 있다.

－－－－－*

"구급론" 은 "119구조구급에 관한 법령" 과 "응급의료에 관한 법률" 의 내용이다.
① 구급대원의 자격 ② 구급요청의 거절 ③ 중증도 분류 ④ 심폐소생술의 주요 내용으로 어렵지만 전문적이지 않는 기본적인 구급과 응급의 이론에서 출제되고 있다.
그 중 '구급대원의 자격'과 구급환자 '중증도 분류'는 출제하기 쉬운 내용이다.
(* 구조대원과 구급대원 자격이 혼동될 수 있을 때, 먼저 더 쉬운 구급대원 자격부터 선별한다)

－ 구조 구급론은 최근에 시험 출제가 줄어들고 있다 －

CHAPTER 1 화재조사

1. 화재조사의 목적 (* 중요도 낮음)

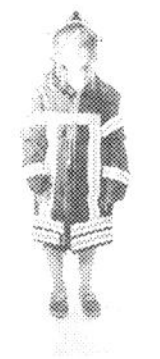

화재조사의 목적은 다음과 같다.

① 출화원인 및 확대를 규명하고 예방 및 진압대책상의 자료로 한다.

② 화재의 발생, 원인, 손해 등을 통계화 함으로써 소방정보를 수집과 행정시책의 자료로 한다. * **오답**: 실화자, 방화자의 처벌, 민사상 배상 비율 책정.

(*^^ 화재조사의 목적: 예방 및 통계화이고 / 오답은 주로 처벌과 배상이다.)

• 화재신고 출동 시, 구조직, 구급직, 소방직과 함께 화재조사관도 출발한다고 생각하면 쉽다.

■ 화재조사자의 권리:

① 화재의 원인조사 또는 피해조사권

② 관계인에게 보고 또는 자료제출 명령권 및 출석과 질문권

③ 수사기관에 체포된 사람과 압수증거물에 대한 조사권

▸ **오답**: 피의자(용의자) 체포권, 증거물에 대한 압수 수사권

※ 그러나 질문권을 거부하여 묵비권을 행사 할 때에는 묵비권은 기본인권으로 헌법에 보장되어 있고 사법적으로도 고문방지를 위하여 광범위하게 인정되고 있으므로 강제할 수는 없다

■ 화재조사자의 의무:

① 출입 시 관계인에게 증표제시 의무

② 관계인의 업무 방해금지 또는 비밀 누설금지

③ 방화 또는 실화의 혐의범을 경찰서장에게 알리고 증거를 수집·보존 의무

④ 소방공무원은 경찰공무원 및 보험회사와 협력의무

2. 화재조사의 특징

화재조사는 다음과 같은 특징을 갖는다. * **오답**: 임의성, 증거성

■ 화재조사의 특징: 현장성, 신속성, 정밀과학성, 보존성, 강제성, 안전성, 프리즘식

▸ **암기**: 신정안 강보현 프리즘 (* **연상**: 신정안과 강보현은 프리로 화재조사의 특징이 있다)

3. 용어의 정의★★

이 규정에서 사용하는 용어의 정의는 다음과 같다.

① 화재: 사람의 의도에 반하거나 고의에 의해 발생하는 연소 현상으로서 소화시설 등을 사용하여 소화할 필요가 있거나 또는 화학적인 폭발현상을 말한다.

② 화학적인 폭발현상: 화학적 변화가 있는 연소 현상의 형태로서, 급속히 진행되는 화학반응에 의해 다량의 가스와 열을 발생하면서 폭음, 불꽃, 파괴가 일어나는 현상이다.

③ 감정: 화재와 관계되는 물건의 형상, 구조, 재질, 성분, 성질 등 이와 관련된 모든 현상에 대하여 과학적 방법에 의한 필요한 실험을 행하고 그 결과를 근거로 화재원인을 밝히는 자료를 얻는 것.

(*^^ 감정은 감식보다 더 세밀함)

④ 감식: 화재 원인의 판정을 위하여 전문적인 지식, 기술 및 경험을 활용하여 주로 시각에 의한 종합적인 판단으로 구체적인 사실관계를 명확하게 규명하는 것

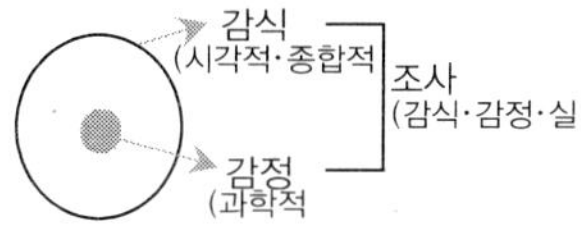

【조사의 개념】

⑤ 조사: 화재원인을 규명하고 화재로 인한 피해를 산정하기 위하여 자료의 수집, 관계자 등에 대한 질문, 현장확인, 감식, 감정 및 실험 등을 하는 일련의 행동을 말한다.

(*^^ 조사본부장은 화재조사를 관장하는 과장으로 한다.)

■ 감정(鑑定)은 과학적 실험이지만, 감식(鑑識)은 눈으로 식별하는 종합적인 판단이다. 조사(照査)는 질문, 현장확인, 감정, 감식, 실험까지의 모든 행동을 말한다.

⑥ 관계자등: 관계인과 화재의 발견자, 통보자, 초기 소화자 및 기타 조사 참고인을 말한다.

⑦ 조사관: 화재조사 업무를 수행하는 소방공무원을 말한다.

⑧ 발화지점: 열원과 가연물이 상호작용에 의하여 화재가 시작된 지점을 말한다.

⑨ 재구입비: 재건축(설계감리비 포함) 또는 재취득하는데 필요한 금액을 말한다.

⑩ 내용년수: 고정자산을 경제적으로 사용할 수 있는 최대년수를 말한다.

⑪ 손해율: 피해물의 종류, 손상상태 및 정도에 따라 피해액을 적정화시키는 일정한 비율

⑫ 잔가율: 화재 당시 피해물의 재구입비에 대한 현재가의 비율

⑬ 최종잔가율: 피해물의 경제적 내용연수가 다한 경우 잔존하는 가치의 재구입비에 대한 비율

■ ⑨번: 불에 탄 냉장고를 샀던 가격 / ⑩번: 사용 가능기간.(예 20년) / ⑪번: 완전소실은 100%, 재사용가능하면 50% 계산한 비율 / ⑫번: 현재 중고가의 비율 / ⑬번: 헐값, 고철값.

⑭ 최초착화물: 열원에 의해 불이 붙고 이물질을 통해 제어하기 힘든 화세로 발전한 가연물.

⑮ 발화요인: 발화열원에 의하여 발화로 이어진 연소현상에 인적·물적·자연적인 요인을 말함

4. 화재원인조사 및 화재피해조사★★

화재조사는 화재사실을 인지하는 즉시 장비를 활용하여 실시한다.

(1) 화재원인조사 및 화재피해조사★★★

원인조사 종류	원인조사 조사범위
① 발화원인 조사	발화지점, 발화열원, 발화요인, 최초착화물, 발화관련기 등
② 발견·통보 및 초기소화상황 조사	발견경위·통보 및 초기소화 등 일련의 행동과정
③ 연소상황 조사	화재의 연소경로 및 연소확대물, 연소확대사유 등
④ 피난상황 조사	피난경로, 피난상의 장애요인 등
⑤ 소방·방화시설 등 조사	소방·방화시설의 활용 또는 작동 등의 상황

피해조사 종류	피해조사 조사범위
① 인명피해조사	• 화재로 인한 사망자 및 부상자 • 화재 진압 중 발생한 사망자 및 부상자
② 재산피해조사	• 소실피해: 열에 의한 탄화, 용융, 파손 등의 피해 • 수손피해: 소화활동 중 사용된 물로 인한 피해 • 기타 피해: 그 밖에 연기, 물품반출, 화재로 인한 폭발 등에 의한 피해

5. 화재의 소실정도 등★★

화재조사를 위하여 화재의 소실 정도를 구분하는 방법.(입체면적에 대한 비율)

구분	내용
전소	70% 이상 소실, 또는 70% 미만이더라도 재사용할 수 없는 것.
반소	30% 이상 70% 미만의 소실
부분소	전소 및 반소에 해당하지 않을 때

6. 소실면적의 산정

건물의 소실면적 산정은 소실바닥면적으로 산정한다.
(단, 건물의 6면 중 2면 이하인 경우 6면 피해면적 합에 1/5을 곱한 값으로 한다.)

■ 소실정도 vs 소실면적 산정

- 소실정도(%)를 구분하는 방법은 입체면적으로 한다.
- 건물의 소실면적(m^2)산정은 소실바닥면적으로 한다. ▸ 정입면바, ㅈㅇㅁㅂ, 장어먹보

• 화재 시 건축물 등에서 실내의 입체가 타더라도 소실면적 산정은 바닥면적으로 산정한다. 그러나 6면 중 2면 이하로 타다가 꺼졌을 때는 그 피해면적의 20% 값으로 한다는 뜻이다. (*^^ 일반적으로 화재는 타다가 소화가 되기 때문에 조사관들은 이렇게 계산하고 있다.)

7. 화재의 건수 결정★★

1건의 화재란 1개의 발화지점으로부터 불이 확대된 것으로 발화부터 진화까지를 말한다.

다만, 다음의 경우에는 예외이다.

① 동일범이 아닌 각기 다른 사람에 의한 방화, 불장난은 동일 대상물에서 발화했더라도 각각 별건의 화재로 한다.

② 동일 소방대상물의 발화점이 2개소 이상 있는 다음의 화재는 1건의 화재로 한다.

㉠ 누전점이 동일한 누전에 의한 화재

㉡ 지진, 낙뢰 등 자연현상에 의한 다발화재

③ 관할구역이 2개소 이상 걸친 화재에 있어서 화재범위가 2 이상의 관할구역에 걸친 화재에 대해서는 발화 소방대상물의 소재지를 관할하는 소방서에서 1건의 화재로 한다.

☠ 동일 대상물에서 동범이 아니면 별건, 자연적인 것은 1건, ③은 먼저 불난쪽 소방서의 책임으로..

8. 건물의 동수 산정★

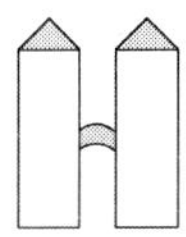

① 주요구조부가 하나로 연결되어 있는 것은 1동으로 한다. 다만 건널복도 등으로 2 이상의 동에 연결되어 있는 것은 그 부분을 절반으로 분리하여 각 동으로 본다.

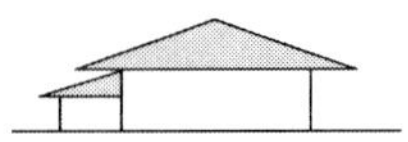

② 건물의 외벽을 이용하여 실을 만들어 헛간, 목욕탕, 작업실, 사무실 및 기타 건물 용도로 사용하고 있는 것은 주 건물과 같은동으로 본다.

9. 긴급상황 보고★

"화재조사 및 보고규정"에서 화재조사활동 중 긴급상황을 보고해야 할 화재는 다음과 같다.

구분	내용
대형화재	• 사망 5명 이상이거나 사상자 10명 이상, 재산피해 50억 원 이상 추정되는 화재
중요화재	• 이재민 100명 이상 발생화재, 관공서, 학교, 정부미 도정공장, 문화재, 지하철, 지하구 등 공공건물 및 시설의 화재, 관광호텔, 고층건물, 지하상가, 시장, 백화점, 대량위험물을 제조·저장·취급하는 장소, 대형화재취약대상 및 화재경계지구
특수화재	• 철도, 항구에 매어둔 외항선, 항공기, 발전소 및 변전소의 화재 • 외국공관 및 그 사택, 특수사고, 방화 등 원인이 특이한 화재 • 기타 대상이 특수하여 사회적 이목이 집중될 것으로 예상되는 화재

구분		내용
사망자		부상을 당한 후 72시간(3일) 이내에 사망한 자
부상	중상	부상을 당한 후 3주 이상의 입원치료를 필요로 하는 부상.
	경상	중상 외의 부상.(* 병원치료가 필요 없는 단순 연기흡입자 제외)

MEMO

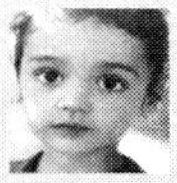

J.D.Hoon의 아이큐 이론

- 아이큐(IQ)란 정신 연령을 실제연령으로 나누어 백을 곱한 지수이다.
  세계적으로 아이큐가 제일 높은 나라를 대한민국으로 꼽는데 평균 IQ는 105~106이다.
  1그룹(IQ 약105): 한국, 홍콩, 북한, 일본, 중국, 대만, 싱가폴, 주로 동북 아시아인이다.
  2그룹(IQ 약102): 독일 네덜란드, 이태리 등 주로 서유럽이다.
  3그룹(IQ 약100): 영국, 미국, 프랑스, 이스라엘 외 필립핀 IQ 86, 84등을 비롯 하위권인 180위인 이디오피아 IQ 63, / 185위 상투에라는 나라는 IQ 59이다.

멘사 가입조건은 IQ 148 이상이면 되고, IQ 130 이상이면 "영재" 라고 하는데 대한민국에서 인정해주는 국립대학교 서울대생의 평균 IQ는 114이다.
그들은 멘사도 영재도 아니고 우리하고 별 차이가 없는 평범한 학생일 뿐이다.
단지 그들은 하나를 모르면 집요하게 밤을 새워서라도 파고 공부하는 성질 때문에 인정받는 일류 학생이 된 것이다. IQ는 성적하고는 비례하지만은 않는다.

PART 5

구조·구급

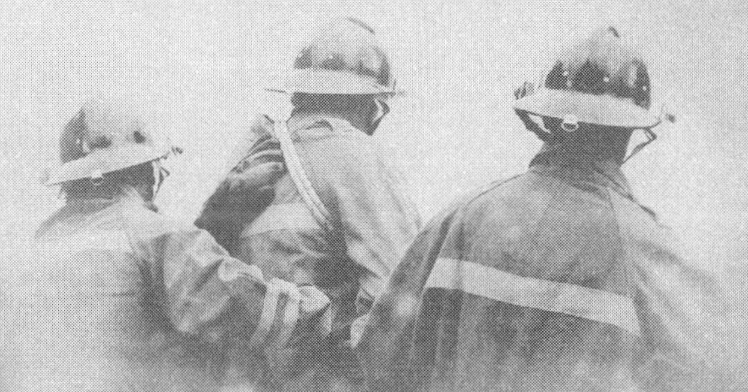

CHAPTER 1 구 조

▶ 2022년 7월 21일까지 개정된 "119구조·구급에 관한 법령"에 의하여 수록하였습니다.

1. 구조대의 법령

소방청장·소방본부장 또는 소방서장(이하 소방청장등)은 위급한 상황에서 요구조자 생명 등을 신속하고 안전하게 구조하기 위하여 119구조대를 편성하여 운영하여야 한다.

(1) 구조대의 종류*

구조대 종류	설치 단위	핵심 내용
일반 구조대	소방서 단위로 설치	소방서가 미설치된 지역은 119안전센터에 설치함.
특수구조대	소방서 단위로 설치	화학·수난·고속국도·산악·지하철구조대를 편성함.
직할구조대	소방청, 소방본부	시·도 소방본부의 경우 시·도 규칙에 의함.
테러대응구조대	소방청, 소방본부	〃
국제구조대	소방청에만 설치	인명탐색·구조·응급의료·시설관리·안전평가·공보연락 등
※ 119항공대	소방청, 소방본부의 직할구조대에 설치, 비행시간은 1일 8시간을 초과할 수 없다	

(▶ 특수구조대: 화요일, 수요일 고속국도타고 산악에 오르며, 집에 갈 때 지하철로 간다.)

(2) 구조대원의 자격*

소방공무원으로서 다음 어느 하나에 해당하는 자격을 갖추어야 한다.

① 소방청장이 실시하는 인명구조사 교육을 받았거나 인명구조사 시험에 합격한 자

② 국가·지방자치단체·공공기관에서 구조관련 분야의 근무경력이 2년 이상인 자

③ 응급의료에 관한 법률에 따른 응급구조사의 자격을 가진 사람으로서 소방청장이 실시하는 구조업무에 관한 교육을 받은 사람

---

* 119항공대: 초고층건물, 도서·벽지에서 발생한 응급환자 후송을 위하여 편성・운영함.(1일 8시간까지)
* 직할구조대: 대형・특수 재난사고의 구조, 현장 지휘 및 지원 등을 위하여 시도에 시도규칙으로 편성・운영.
* 국제구조대(KOSAR): 재외국민의 보호나 국제협력이 필요하다고 인정되는 경우에 설치함. 대한민국 구조대

2. 구조 활동의 우선순위 사항

(1) 구조 절차★★

구조 절차는 위험평가 ⇨ 수색 ⇨ 구조 ⇨ 응급의료 순서로 진행되고 사고발생 장소 및 사고규모와 요구조자의 인원 및 위치·부상부위·상태 등 요구조자에게 가해지는 위험요인의 파악을 한다. 일반적인 구조활동의 우선순위는 구명 ⇨ 신체구출 ⇨ 고통경감 ⇨ 재산보전 순으로 하며 다음의 사항을 주의한다.

① 대원 자신의 안전확보에 장애가 되는 요인을 제거한다.
② 옥내의 2차적 재해발생 요인을 상황에 따라 제거한다(전기, 가스, 낙하, 붕괴, 전락* 등).
③ 요구조자(구조대상자)의 구명에 필요한 조치를 한다. – (구명)
④ 안전구역으로 신체구출 활동을 침착히 개시한다. – (구출)
⑤ 요구조자의 상태 악화방지에 필요한 조치를 한다. – (고통경감)
⑥ 위험현장에서 격리하여 재산을 보전한다. – (재산보전)

그 뒤 관계기관의 사고처리 대응내용과 사고 발생원인, 구조대 도착 전에 취한 조치 등의 구조에 필요한 제반 상황을 참고한다.

- 구조활동 우선순위: ① 구명 ⇨ ② 구출 ⇨ ③ 고통경감 ⇨ ④ 재산 보전
- 요구조자 구출방법: ① 현장특성을 고려 ② 안전하고 신속 ③ 실패 가능성이 가장 적은 방법

(2) 장애물 제거 시 주의사항

현장 진입 시 장애물을 대비해서 다음과 같은 사항을 주의한다.

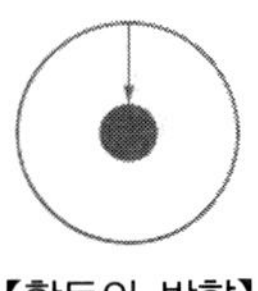

【활동의 방향】

① 필요한 기자재를 준비하며 대원의 안전을 취한다.
② 요구조자의 생명, 신체에 영향이 있는 장애를 먼저 제거한다.
③ 위험이 큰 장애부터 주위에서 중심부로 위에서 아래로 순차적으로 제거한다.

- 장애물 제거 시 주의사항: 큰데서, 위에서, 주위에서.

(3) 구조요청의 거절

구조대원은 119전화 등으로부터 구조요청을 거절할 수 있다.

① 단순 문 개방 및 동물의 단순 처리·포획 및 구조
② 시설물에 대한 단순 안전조치 및 장애물의 단순 제거
③ 주민생활 불편해소 차원의 단순 민원 등 구조활동 필요성이 없다고 인정되는 경우

---

* 전락: 굴러 떨어짐.　　* 소방청장등: 소방청장, 소방본부장, 소방서장을 말함

CHAPTER 2 구 급

1. 119 구급대

(1) 구급대의 편성과 운영

소방청장등*은 위급한 상황에서 발생한 응급환자를 응급처치하거나 의료기관에 긴급히 이송하는 등의 업무를 수행하기 위하여 구급대를 편성하여 운영한다.

(2) 구급대원의 자격*

구급대원은 소방공무원으로서 다음 어느 하나에 해당하는 자격을 갖추어야 한다.

① 의료인*

② 1급 또는 2급 응급구조사 자격을 취득한 사람

③ 소방청장이 실시하는 구급업무에 관한 교육을 받은 사람

(*^^ 다만, 제③호에 해당하는 구급대원은 구급차 운전과 구급에 관한 보조업무만 할 수 있다.)

2. 구급활동

1) 구급대

119 구급대는 일반구급대와 고속국도구급대로 나눈다.

① 일반구급대: 시·도의 규칙으로 정하는 바에 따라 소방서마다 1개 대 이상 설치하되, 소방서가 설치되지 아니한 시 · 군 · 구의 경우에는 119안전센터*에 설치할 수 있다.

② 고속국도구급대: 교통사고 발생 빈도 등을 고려하여 소방청, 소방본부 또는 고속국도를 관할하는 소방서에 설치하되, 소방본부 또는 소방서에 설치하는 경우에는 시 · 도의 규칙으로 정하는 바에 따른다.

■ 약한 자 중에서 가장 강한 자는 자기가 약하다는 사실을 잊는 자다! 아들아~
"강한 자가 이기는 것이 아니고 이기는 자가 강한 자이다."

* 소방청장 등: 소방청장, 소방본부장, 소방서장을 말함.　　* 의료인: 의사, 간호사, 조산사
* 119 안전센터: 과거의 소방파출소를 말함.　　* 119 지역대: 과거의 소방출장소를 말함.

2) 구급대의 운영

구급대원은 이송하려는 응급환자가 감염병 및 정신질환을 앓고 있다고 판단되는 경우에는 시·군·구 보건소의 관계공무원 등에게 필요한 협조를 요청할 수 있다.

(1) 구급요청의 거절

구급대원은 구급대상자가 다음의 어느 하나에 해당하는 비응급환자인 경우에는 구급출동 요청을 거절할 수 있다.

① 단순 치통환자(단, 단순골절 제외)(* ①~⑦까지 단순환자는 모두 거절할 수 있다.)
② 단순 감기환자.(다만 38도 이상의 고열이 있거나 호흡곤란이 동반되는 경우는 제외.)
③ 혈압 등 생체징후가 안정된 타박상 환자
④ 술에 취한 자 (다만, 강한 자극에도 의식의 회복이 없거나 외상이 있는 경우는 제외한다.)
⑤ 만성질환자로서 검진 또는 입원 목적의 이송 요청자
⑥ 단순 열상(裂傷) 또는 찰과상(擦過傷)으로 지속적인 출혈이 없는 외상환자
⑦ 병원간 이송 또는 자택으로의 이송 요청자(단, 의사가 동승한 응급환자의 병원 간 이송 제외)
⑧ 구조・구급대원은 요구조자 또는 응급환자가 구조・구급대원에게 폭력을 행사하는 등 구조・구급활동을 방해하는 경우에는 구조・구급활동을 거절할 수 있다.

(2) 응급구조사의 비교

1급 응급구조사의 업무범위	2급 응급구조사의 업무범위	비 교
① 심폐소생술 시행을 위한 기도유지(기도기삽입, 기도삽관, 후두마스크삽관) ② 정맥로의 확보(링거 맞는 곳) ③ 인공호흡기를 이용한 호흡의 유지 ④ 약물(포도당 및 수액) 투여 ⑤ 흉통 시 설하(혀밑)에 니트로글리세린 투여(녹임) ⑥ 2급 응급구조사의 업무범위	① 기도기를 이용한 기도유지 ② 기본심폐소생술 ③ 산소투여 및 창상의 응급처치 ④ 쇼크방지용 하의 이용 ⑤ 자동심장충격기를 이용한 규칙적 심박동의 유도 ⑥ 약물투여(흉통 시 설하에 니트로글리세린 투여 및 천식발작 시 기관지확장제 흡입 – 환자가 휴대하는 경우에 한함)	① 심폐소생술을 위한 기도유지(기도기 삽입, 기도삽관 등): 1급 • 기도기를 이용한 (단순)기도유지: 2급 ② 인공호흡기를 이용: 1급 • 단순 산소투여: 2급 ③ 약물투여(구급차에 가지고 다니며 투여): 1급 • 약물투여(환자가 휴대하는 경우에 한해서 투여): 2급

* 산소투여: 산소마스크 씌움. * 정맥로 확보: 주사(링거)놓을 곳 확보. * 창상: 피가 나는 상처.
* 니트로글리세린: 협심증환자의 혀밑에 녹이는 혈관확장제. * 심장충격기: 심장 부활을 위한 자동제세동기.
* 쇼크방지용 하의: 쇼크를 방지하기 위하여 심장 쪽으로 피를 보충해주는 기능을 가진 환자에게 입히는 반바지.
* 포켓마스크: 산소공급구가 있다. 고농도의 산소가 공급구에 연결되어 있을 때, 약 50% 농도의 산소가 공급된다.

3) 구급환자의 중증도 분류

중증이라 함은 위중한 병세라는 개념으로 응급처치를 위한 환자이송 순위를 구분하기 위해 환자를 분류하는 것으로 긴급환자 ⇨ 응급환자 ⇨ 비응급환자 ⇨ 사망(지연)환자의 4단계로 나누고 있다. 중증도 분류라 함은 사건현장에서 환자의 처치에 관여하지 않고 환자의 이송을 위한 분류를 말한다.

【중증도 분류표】

(1) 환자의 분류**

병원으로 이송을 위한 환자의 중증(重症)도 분류를 학습하기 쉬운 순서부터 살펴본다.

① 지연(사망) 환자(흑색: + 심볼) – 사망, 생존이 불가능한 환자. 

(*^^ 20분 이상 호흡·맥박 없는 환자, 머리·몸체 등 절단된 경우, 심폐소생술도 불필요한 경우)

② 비응급 환자(녹색: X 심볼) 

수시간, 수일 후 치료해도 생명에 지장없는 환자, 소량 출혈, 정신과적 문제, 단순 골절·외상. (*^^ 경상의 열상·찰과상, 타박상 등 연부조직 손상) (※ 단순·경상 또는 연부조직 환자)

③ 응급 환자(황색: 거북이 심볼) 

수시간 이내 응급처치 요함. 중증의 출혈, 중증 화상(기도화상 제외), 척추 손상(경추 제외), 다발성 주요골절. 단순 머리손상. 45~60분을 견딜 수 있는 상태.

(※ 기도화상·경추를 제외한 화상·골절환자, 단순두부손상)

④ 긴급 환자(적색: 토끼 심볼) 

수분, 수시간 이내 응급처치를 요한다. 기도, 호흡, 심장이상, 대량의 출혈 등.

> 기도화상, 목뼈손상, 개방성흉부·복부손상, 쇼크(수축기 혈압 80mmHg 이하), 내과적 이상, 지속적인 천식, 호흡곤란(30회/분 초과), 팔목 촉진불가능, 저체온증, 경련 등.

(※ 응급·비응급에 해당하지 아니한 즉, 조절이 안되는 다양한 반응의 환자로 학습한다)

중증도에 따른 환자의 분류 정리**

분류방법	처치 요구시간 한계	환자상태	노뼈(손목)
긴급 (적색)	즉각 처치가 필요상태	개방성 손상, 쇼크, 경추, 기도화상 등	촉진 불가능
응급 (황색)	45~60분 견디는 상태	화상 및 골절환자(대퇴부 등)	촉진 가능
비응급(녹색)	수시간 이상 문제없음	연부조직손상 등 경미한 환자	촉진 가능
사망 (흑색)	사망으로 확인된 환자나 현장에서 사망으로 예상이 판단된 환자(* 지연환자)		

4) 심폐소생술(CPR: Cardiopulmonary resuscitation)

심정지가 의심되는 긴급환자에게 인공으로 산소를 공급시켜 호흡과 혈액순환을 유지함으로써 환자를 소생시키는 방법이다. 심폐정지 후 4~6분 정도면 뇌의 무산소증이 발생되어 뇌손상이 원상회복되지 않으므로, 즉 비가역적인 뇌의 무산소증을 방지하기 위하여 심장으로부터 뇌로 혈액을 보내주어야 한다. / * 비가역: 불가역(不可逆)

(1) 우리나라 심폐소생술 이론은 미국 심장협회 지침에 따르며 그 내용은 다음과 같다.

① 가슴의 중앙부위인 흉부압박점을 정한 뒤 한 손의 바닥을 압박할 부위에 대고 손을 포갠 뒤 손끝은 위로 든다. 또한 체중을 실어 압박할 수 있도록 팔의 주관절은 편다.

② 압박의 깊이는 성인은 5cm(유아*, 아동*: 흉부 전후 직경의 최소 1/3)로 하며 압박횟수는 1분에 100~120회의 속도로 하며 압박과 이완의 비율은 50 : 50을 유지한다.

③ 흉부압박과 인공호흡의 비는 성인, 아동, 유아(신생아를 제외)는 30 : 2로 한다.

■ **응급처치 심폐소생술(Cardio pulmonary resuscitation) 요약**

• 현장안전- 의식확인- (감염방지)- 구조요청- (무맥박 시)흉부압박30회(C)- 기도유지(A)- 인공호흡2회(B)- 맥박확인- (맥박이 없을시)흉부압박과 인공호흡(30: 2) 5번 - 재 맥박확인.

5) 배 밀어내기(단순 이물질 배출방법) - 과거 하임리히법

배 밀어내기는 목에 가시가 걸린 경우, 어린이들이 휴대하던 동전 및 장난감 부속품 등이 걸려있을 경우 환자의 기도 폐쇄를 해소하기 위하여 기도내 이물질을 배출하는 방법이다. 복부밀기를 매 5회 실시한다. 또한 1세 미만 영아는 머리를 거꾸로 하여 등을 두드린다.

■ 참고: 인공호흡을 위한 기도유지

• 머리기울임 턱들기법(두부후굴 하악거상법): 가장 많이 사용하는 기도유지방법

• 턱밀어올리기법(하악견인법): 머리, 목, 척추 손상환자에게 사용하는 기도유지방법

6) 화상(Burn)

■ **화상의 분류** : 열에 의한 화상은 1도 〈 2도〈 3도 화상으로 분류한다.

• 1도(홍반성): 표피층- 주로 적색, 통증이 있으나 연고로서 가능. 병원(x)(예 해수욕장에서)

• 2도(수포성): 진피층- 주로 분홍색이며 통증이 있고 이송 중 산소투여.(예 물100℃의 화상)

• 3도(괴사성): 전층- 백색·흑색의 색상, 말초신경의 통증, 혹은 무통증 등.(예 다양한 반응)

---

* 신생아: 분만 후 첫 수 시간 병원퇴원 전 (국내: 28일까지) * 영아: 신생아 ~ 1세미만, * 유아: 영아 ~ 5세까지
* Cardiopulmonary resuscitation: 카디오 플모네리 레서시테이션 * 아동: 유아 ~ 16세 정도 2차성장기 이전까지
* 참고 - 묵시적 동의: 즉시 응급처치가 절실하게 필요한 사람이라면, 응급처치에 동의했을 것이라고 추정한다.(* 응급처치는 사전에 본인의 동의를 얻는 것이 원칙이다.) ↔ 명시(고시)된 동의.

MEMO

나는 내 나이를 사랑한다.

• 나는 내 나이를 사랑한다.
지금 어렵다고 해서 오늘 알지 못한다고 해서 주눅들 필요는 없다는 것,
그리고 기다림 뒤에 알게 되는 일상의 풍요가 진정한 기쁨을 가져다준다는 것을 깨닫곤 한다.
다른 사람의 속도에 신경 쓰지 말자.
중요한 건 — 내가 지금 확실한 목표를 가지고 내가 가진 능력을 잘 나누어서 알맞은 속도로 가고 있는 것이다. 그렇다 나는 아직도 모든 것에 초보자다.
그래서 나는 모든 일을 익히고 사랑하지 않으면 안 된다고 생각하고 있는 것이다.
나는 현재의 내 나이를 사랑한다.
인생의 어둠과 빛이 녹아들어 내 나이의 빛깔로 떠오르는 내 나이를 사랑한다.

PART 6

소방시설

한눈목차 한눈으로 학습하는 시설이론 숲의 내용

1 위험물

- (1) 제1류(산화성 고체) → 염류+무기(9) / 불연성, 알칼리금속과산화물+물=O_2
- (2) 제2류(가연성 고체) → 황화유적 마금철인(7) / 환원·속연성 물질, 화기주의!
- (3) 제3류(자연발화+금수성) → 주로 거센발음(10) / 화기엄금+물기엄금(황린x)
- (4) 제4류(인화성 액체) → 특알석동(7) / 전기부도체, 주로 비수용성, 비중1↓
- (5) 제5류(자기반응성 물질) → 물+유기(9) / 산화성, 내부·셀프연소 폭발성물질
- (6) 제6류(산화성 액체) → 과염소산+H_2O_2+질산(3) / 접촉주의!
- * 위험도: 3·5>4>2>1·6류/ *특성: 비중1이상(4류제외), 비수용성(1·6류제외)
- • 4류위험물
  - •특수인화물 → CS_2+에테르/ 발화100·인화-20·비점40℃ 이하
  - •알코올류 → 60% 이상, 메탄올·에탄올·프로판올,/ (400ℓ)
    - ① 1석유류 → 아세톤+휘발유(400+200ℓ) / 21℃미만
    - ② 2석유류→ 등유+경유(1000ℓ) / 21~70℃미만
    - ③ 3석유류 → 중유+클레소오트유(2000ℓ) / ~200℃미만
    - ④ 4석유류 → 기어유+실린더유(6000ℓ) / ~250℃미만
  - •동식물유류 → 예 건성유(아마인유) / (1만ℓ) / 250℃미만

2 피난 및 건축론

- **1** 피난론
  - (1) 피난특성 → 좌회·지광·귀소·추종·퇴피본능 / 패닉: CO형, H형
  - (2) 계획/ 원칙 → 단순·명료 / 원시적·고정적 / 도피·대향·회피성
- **2** 건축론
  - • 무창층 → 50cm↑ 밑부분까지 1.2m이내, 내부·외부 파괴
  - • 주요구조부 → 바·지·보·내·주·기 (* 내화구조: 10cm 이상)

3 소방시설 — • 소화설비(6) • 경보설비(10) • 피난설비(4) • 소화용수설비(4) • 소화활동설비(6)(무제비3연)

- **1** 소화기구 — • 대형소화기 → A급10단위↑ B급 20단위이상, 거리 30m↓, 높이 1.5m 이내
- **2** 옥내소화전 — • 가압송수 → 고가·가압·지하·압력수조/ 130ℓx20분= 2.6m³ x 2개= 5.2m³
- **3** 옥외소화전 — • 소화전과 함= 5m이내, 거리 40m↓ / 350ℓx20분= 7m³ x 2개= 14m³
- **4** 스프링클러
- **5** 간이 스프링클러
  - • 초기·자동·적상주수, 신뢰, 고가, 설치복잡, 80ℓ
  - ① 습식 → 알람체크, 가압수, 폐쇄형, 감지기(x);
  - ② 건식 → Dry 질소·압축공기, 폐쇄형, 감지기(x)
  - ③ 준비작동→ 프리액션,, 대기·저압, 폐쇄형, 감지기(o)
  - ④ 일제살수식 → 델류지밸브, 대기압, 개방형, 감지기(o)
  - ⑤ 부압식 → 프리액션,, 부압의 물, 감지기(o)
- **6** 물분무등소화설비
  - ① 물분무 → 차·주20ℓ
  - ② 미분무→ 스프링> 물분무> 미분무
  - ③ 포 → 혼합장치 4가지
    - ① 라인 → 작용에
    - ② 프레져→ 작용과
    - ③ 펌프 → 흡입기
    - ④ 사이드 → 압입용
  - ④ 이산화탄소→ 전역·국소·이동식
  - ⑤ 할론→ 방호구역 외 설치
  - ⑥ 분말
  - ⑦ 강화액
  - ⑧ 할로겐화합물 및 불활성기체 소화설비
  - ▸물분무등→ (제)물포 이미 고할분 강할불
- **1** 자동화재탐지설비
  - ① 감지기→ 차동식+정온식= 보상식
  - ② 발신기→ P형, T형, M형
  - ③ 음향장치→ 수신기 내부·직근, 90db
  - ④ 중계기→ 수신기에 따라 P형, R형,
  - ⑤ 수신기→ P형, R형(현대식, 고유신호)
- **2** 기타경보설비
- **3** 피난설비
- **4** 소화용수설비
- **5** 소화활동설비

6편 접근 접근성 이야기

위험물, 피난 및 소방시설의 분석

서두 위험물의 성상"은 제2편 공학론의 주요 이론에 심화로 중복 첨부되기도 하여 생소한 단어와 어려운 듯한 이론이지만, 필수 학습 과정의 한 부분으로서 반복 리딩이 필요하다.
위험물안전관리법에 속하는 제1류~제6류까지 ① 성질 ② 품명 ③ 지정수량 ④ 일반성질이 중요하다.
(* 여기서 1류·6류는 불연성으로서 자신은 타지 않지만 주변 가연물과 접촉으로 폭발도 가능하며, 3류·5류는 고체·액체로서 본격 화재 시 지구상에 아직까지 소화약제가 없다는 개념도 필요하다.)
"피난 및 건축론"에서 피난이론은
① 인간의 피난본능 ② 피난동선과 원칙 ③ 피난대책 위주로 상식 이론이다.
피난이론에서 중요한 몇 가지는 좌측p 내용을 추가하여 아래 ①~⑤까지 이곳에서 제시한다.
① 인간의 피난본능은 좌회본능·지광본능·귀소본능·추종본능·퇴피본능 5가지가 중요하다.
(*^^ 여기서 인간의 패닉형은 CO형, H형이 있다.)
② 피난계획의 동선과 원칙은 단순·명료하고, 원시적·고정적이어야 한다.
③ 피난대책의 일반원칙은 Fool-Proof(바보지능)와 Fail-Safe(이중안전장치)이 있다.
또한 방화계획 중 공간적 대응은? 도피성·대항성·회피성이 있다.
(*^^ 건축론은 건축법령의 핵심이론으로서 중요도가 없어 분석을 생략한다.)
----*
제1장"소방시설"이론은 대학의 소방학과에서'기계분야'와 '전기분야'를 각 과목으로 한 학기씩 1년을 배우는 긴 시간의 이론이지만'구조 및 원리'를 알아야 풀리는 이론으로 개념이 필요하다.
'기계분야'에서는 ① 옥내소화전설비 ② 스프링클러설비가 주변에서 볼 수 있어 우리가 알아야 할 주 이론이며 스프링클러설비에서는 5가지 종류의 내용에 대하여 충분한 이론을 요구한다.
(* 또한 포소화설비의 혼합장치 5가지 역시 이해가 필요한 이론이지만 이 부분은 어렵지 않다.)
'전기분야'에서는 자동화재탐지설비의 ① 구성요소 ② 경계구역 ③ 감지기 ④ 수신기가 주 이론이며, 유도등도 그 특성을 간단히 살펴보도록 한다.

위험물 | 위험물의 분류와 성상★★★

(* 단위: kg, L)

※ 위험도: 3·5류〉 4류〉 2류〉 1·6류 순.　　*지정수량: 기준치는 작을수록 위험하다.

위 험 물 ("위험물안전관리법"에 의한 고체+액체)			지정수량
유 별	성 질	품 명	
제 1 류	산화성 고체 (산화제)	염소산염류, 아염소산염류, 과염소산염류, 무기과산화물	50kg(▸3염무오)
		질산염류, 요오드산염류, 브롬산염류	300kg(▸진료부산)
		과망간산염류, 중크롬산염류 등　　▸ 끝자가 염류	1,000kg(▸1과중천)
	일반적 성질	① 자신은 불연성이지만 산소를 방출해서 다른 가연물질의 연소를 돕는 조연(지연)성 물질. ② 산소를 함유한 강한 산화제이며 가열, 충격, 마찰 등에 분해되어 산소를 방출한다. ③ 대부분 무색 결정이거나 백색분말이다. 비중이 1보다 크다(즉, 물보다 무겁다.) (➲ 1류, 6류 공통점: 산소함유, 불연성, 서로 혼재가능, 수용성, 비중이 1보다 크다.)	
	예방 대책	① 가열, 충격, 마찰, 타격 등을 방지.(화기·충격·접촉주의) / 수용성이 많다. ② 무기과산화물 중 알칼리금속의 과산화물은 물과 접촉시 산소발생으로"물기엄금"표시. ③ 산화성물질로서 가연성인 2류 및 연소·폭발성인 5류 위험물 등과의 접촉을 금지. ④ 강산류(제6류 위험물)와 절대 혼촉(접촉)을 금지.(단, 제6류 위험물과 혼재가능) ⑤ 질산염류 등 조해성 물질은 방습하고 용기를 밀전하여 통풍이 잘되는 냉암소에 저장.	
	소화 대책	① 주변 가연물과 혼합된 화재시 알칼리금속의 과산화물을 제외하고는 다량의 물을 사용한다. ② 알칼리금속의 과산화물은 건조사 등을 이용한 질식소화가 유효하다.	
제 2 류	가연성 고체	황화린, **유황**, 적린	100kg(▸ 황유적백)
		마그네슘, 금속분, 철분	500kg(▸ 마금철오)
		인화성 고체　　▸ 황화유적 마금철인	1,000kg(▸ 2류인천)
	일반적 성질	① 가연성 고체(속연성·이연성) 물질이다. ② 평소에 산소를 함유하지 않는 강한 **환원성** 물질이다. ③ 금속분은 물이나 혹은 산과 접촉하면 발열하게 된다.	
	예방 대책	① 산화제(제1, 6류)와의 혼합, 혼촉을 피하며 통풍이 잘되는 냉암소에 보관·저장한다. ② 위험물 게시판은 "화기주의" (인화성 고체는 "화기엄금")이다.	
	소화 대책	① 마그네슘, 금속분, 철분, 황화린(황화수소 발생으로)은 건조사, 건조분말 등으로 질식소화. ② 적린과 유황, 인화성고체는 물에 의한 냉각소화를 한다.	
제 3 류	금수성 및 자연발화성 물질	칼륨, 나트륨, 알킬알루미늄, 알킬리튬(* 물보다 **가벼운** 금속들임)	10kg(▸ 칼라알시)
		황린(* 자연발화점 30℃~, 물속에 저장 ∴ **금수성 아님**)	20kg(▸ 황린이시)
		알칼리금속(칼륨, 나트륨 제외) 및 **알칼리토금속**, 유기금속화합물	50kg(▸ 알알유오)
		금속의 수소화물, 금속의 인화물, 칼슘 또는 알루미늄의 탄화물 ▸ **전체11가지 암기**: 알킬, 알칼, 칼칼, 금금 황유나	300kg(▸ 금칼탄삼)
	일반적 성질	① 주로 고체 분말, **주로** 무기화합물의 불연성으로 구성됨.(* 황린: 가연성) ② 금수성이나 자연발화성 물질은 주로 3류위험물에 모여있다는 뜻이며, 3류만 해당은 아니다. ③ 모두 물과 접촉하면 가연성 가스를 발생하는 고체 및 액체물질이다.(황린 제외)	
	예방 대책	① 저장용기는 밀전하여 공기와 접촉을 방지하고 물과 수분의 침투 및 접촉을 금해야 한다. ② 칼륨(K), 나트륨(Na) 및 알칼리금속은 **석유류(등유, 경유 등)**에 저장한다. ③ 황린(인, 백린)은 공기 중에 발화하고 칼륨, 나트륨은 물과 접촉하여 발화하며 알킬알루미늄은 물과 공기 중 발화할 수 있다.(* 황린은 물속, 칼륨·나트륨은 기름 속, 알킬형제는 헥산속 저장) (▸ 위험물게시판: 물기엄금)	
	소화 대책	① 금수성으로서 주로 가연성 수소가스 등을 발생하므로, 물의 주수를 엄금한다.(황린 제외) ② 포·이산화탄소·할론소화약제에도 적응 안 됨. 상황에 따라 건조분말, 건조사, 팽창질석, 건조석회 등을 사용한다.(* 제3류 외에도 제2류~5류의 유기물은 자연발화가 가능함.)	

구분		품명		지정수량
제 4 류	인화성 액체	특수인화물: 이황화탄소, 디에틸에테르 등		50 L------(▶ 1/4드럼)
		제1석유류(아세톤, <u>휘발유</u> 등)	비수용성	200 L------(▶ 1드럼)
			수용성	400 L (▶ 비수용성 2배)
		알코올류(함유량 60% 이상)- (예) 메탄올, 에탄올, 프로판올)		400 L
		제2석유류(등유, 경유 등)	비수용성	1,000 L------(▶ 5드럼)
			수용성	2,000 L
		제3석유류(중유, 클레오소트유 등)	비수용성	2,000 L------(▶ 10드럼)
			수용성	4,000 L
		제4석유류(기어유, 실린더유 등)		6,000 L
		동식물유류 (▶ 지정수량 **암기**: 오이사! 126만)		10,000 L
	<u>**일반적 성질**</u>	① 주로 유기화합물로 쉽게 인화되며, (자연)발화점이 낮다.(*위험물게시판: 화기엄금) ② <u>주로 물보다 가벼운 유류가 더 많다.</u>(특수인화물, 알코올류, 1·2석유류, 동식물유류) ③ <u>주로 비수용성</u>이며, <u>전기 부도체</u>이다.(즉, 유류는 전기가 안 통한다.) ④ 연소 시 <u>증기 비중은 공기보다 무겁다.</u>(시안화수소 제외) (* ②③④ 물가비 전부 증기무) (* 인화성은 가연성보다 불이 빨리 붙는 물질이므로 가연성보다 <u>대부분</u> 더 위험할 수 있다.)		
	예방 대책	① 누출방지: 일반적으로 밀폐용기의 사용, 배관의 이용, 바위 속 시원한 냉암소에 저장. ② 주위에 폭발혼합기의 형성방지(환기 철저), 정전기나 스파크에 주의.		
	소화 대책	① 대규모 <u>유류</u>화재: 포에 의한 질식소화. / 초기화재: CO_2, 포, 물분무, 분말, 할론 가능. ② <u>수용성 위험물은</u>(내)알코올포)를 사용해서 질식소화하거나 다량의 물로 희석소화한다.		
제 5 류	**자기 반응성 물질 (산화제)**	유기과산화물, 질산에스테르류		10kg (▶ 유질일십)
		히드록실아민, 히드록실아민염류		100kg (▶ 히실일백)
		히드라진유도체, 아조화합물, **니트로화합물**, 니트로소화합물, 디아조화합물. ▶ 끝자 물5개 + 첫자 히3개		200kg (▶ 그외이백)
	<u>**일반적 성질**</u>	① **물질 자체에 산소가 있어** 공기 중 산소공급 없이 충격 등으로 **연소폭발**이 가능한 물질 ② 가연성 고체(결정, 분말) 또는 액체의 **산화제** 물질이고 연소 시 다량의 가스가 발생한다.		
	예방 대책	① 스스로 산소를 방출해서 <u>자기연소(내부연소, 셀프연소)</u>한다. ② "화기엄금" - 가열, 충격, 마찰, 타격을 피한다.		
	소화 대책	<u>물질 자체 내부에 산소를 함유</u>하고 있어 <u>질식소화가 어렵다</u>. / **주로 비수용성이며** 물에 반응하는 물질이 없어서 화재 초기에만 다량의 물로"냉각소화"하는 것이 바람직하다.		
제 6 류	**산화성 액체 (산화제)**	과염소산, 과산화수소(농도 36중량% 이상), 질산(비중 1.49 이상)		300kg(▶63빌딩/*모두300)
	일반적 성질	① <u>불연성</u> 물질로 <u>접촉 시 산소를 방출</u>해서 다른 물질을 산화시킨다.(지연성 액체물질) ② 산소를 함유한 무기화합물로 비중이 1보다 크다(물보다 무겁다.) **주로 수용성**이다. ③ 증기는 유독하고 피부와 접촉 시 점막을 부식시킨다.		
	예방 대책	① 직사광선 차단, 강환원제·유기물질·가연성 위험물과 접촉을 피한다. ② 염기 및 물 또는 제1류 위험물과 접촉을 피한다.		
	소화 대책	① 화재 시에는 가연물과 격리하도록 하며 유출사고에는 마른모래 및 중화제를 사용한다. ② 원칙적으로 주수는 금지, 초기화재 시 "상황에 따라" 다량의 물로 세척한다.		

※ 비고:
- 유황: <u>순도</u>가 60 중량퍼센트 이상. • 알코올: 함유량 60% 이상
- 철분: 53㎛의 표준체를 통과하는 것. (50 중량퍼센트 미만은 제외)
- 금속분: 150㎛의 표준체를 통과하는 것. (50 중량퍼센트 미만은 제외)
- 마그네슘: 2mm의 체를 통과하는 것으로서 직경 2mm 이상의 막대 모양의 것은 제외.

(*^^ 철분·금속분: 50% 이상, 유황·알코올류는 60% 이상 ▶ **암기**: 철금오십 유알육십)

CHAPTER 1 소화설비

▶ 2022년 9월 8일까지 개정된 화재안전기준에 의하여 핵심요점만을 수록하였습니다.

01 소화기구

【간이소화용구(건조사)】

1. 소화기구의 종류

(1) 소화기☆

소화약제를 압력에 의하여 초기소화* 에 사용하는 기구로서 사람이 조작하는 것이다.

① 소형 소화기(보행거리 20m 이내)

능력단위가 1단위 이상, 대형소화기 능력단위 미만이어야 한다.

② 대형 소화기(보행거리 30m 이내)

A급* 10단위 이상, B급* 20단위 이상으로 운반대와 바퀴가 설치되어야 한다.

③ 소화기 비치는 바닥으로부터 1.5m 이내(사람 어깨높이)이어야 한다.

소화기의 온도 적응성

분말 및 강화액 소화기	−20℃ 이상 40℃ 이하에 사용 ☆
기타 소화기	0℃ 이상 40℃ 이하에 사용.(* 청정소화약제는 55℃ 이하 가능)

2. 분말 소화기

소화기 비교

종류 \ 구분	내통(가스통)	지시압력계	용기 내 충전가스
축압식 소화기	없다.(x)	있다.(o)	질소 또는 이산화탄소를 충전
가압식 소화기	있다.(o)	없다.(x)	〃

* 초기소화: 건축물 관계인이 소방대원이 현장에 도착 전에 하는 1차적인 소화를 말함.
* A급은 일반화재, B급은 유류화재를 의미한다. C급 단위는 없다.
* 능력단위: 실험을 통하여 소화기의 소화능력을 표시하는 분류

02 옥내소화전설비

1. 개 요

화재가 발생했을 때 소방대상물 관계자 또는 자체소방대원이 화재 초기에 신속하게 소화할 수 있도록 하는 수계(물) 소화설비로서 가장 기본적인 고정된 수동식 소화설비이다.

2. 구 성

수원, 펌프 및 전동기(펌프 모터), 기동용수압개폐장치(압력챔버, 압력스위치), 성능시험배관, 순환배관, 개폐밸브, 체크밸브, 소화전(호스, 관창), 비상전원, 제어반 등으로 구성한다. * 오답: 경종, 표시등

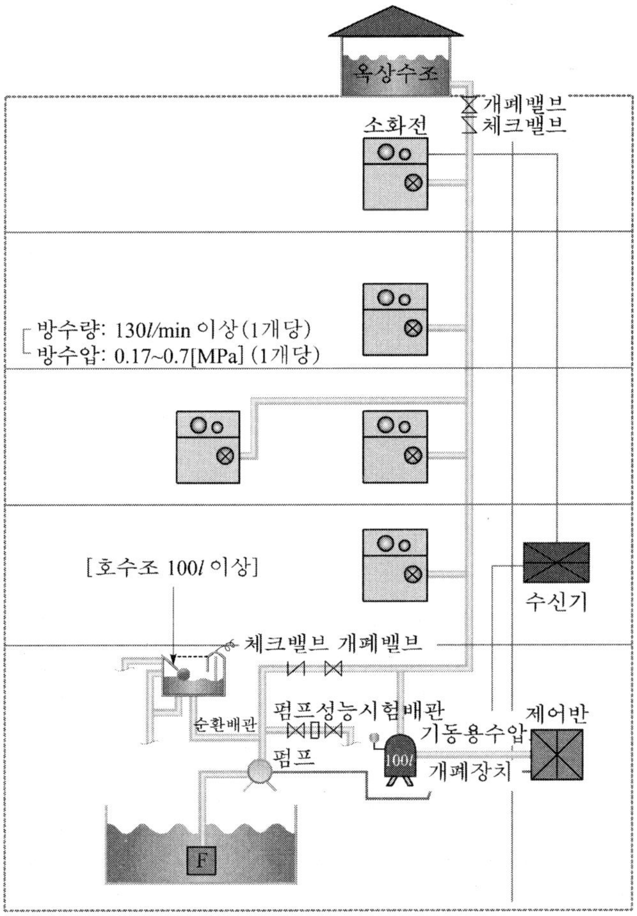

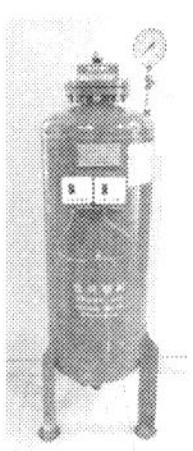

3. 옥내소화전설비의 제원

(1) 수 원

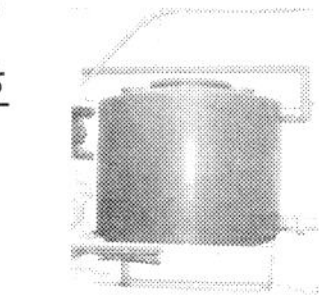

건물의 어느 층이나 해당 층의 옥내소화전(2개 이상인 경우 2개)을 동시에 방수할 경우 각 소화전 노즐에서 법적인 규정을 갖추어야 하며, 유효수량 외 유효수량의 1/3 이상을 옥상에 설치한다.(단, 건축물 높이가 <u>10</u>m 이하는 제외)

(*^^ 스프링클러도 산출된 유효수량 외 유효수량의 1/3 이상을 옥상에 설치한다.)

(2) 법적 규정

① 방수량: 130 l/min 이상(1개당) / 방수압: 0.17MPa 이상 0.7MPa 이하.

② 저수량: 가장 많은 층의 설치개수에 2.6m^3을 곱한 양 이상으로 지하수조에 저장..
(단, 30층~50층 미만은 5.2m^3, 50층 이상은 7.8m^3을 산정, 즉 40분, 60분 값을 산정한다.)

■ **수원(물)의 저수량(호스릴 포함)**

옥내소화전 설치개수(최대 2개)×2.6m^3 ※ 2.6m^3 = (130L/분×20분=2,600L)

- 수원의 산정수량은 옥내소화전 설치개수 중 한 층을 기준으로 최대 2개로 산정한다.
  해당층 옥내소화전 설치개수 최대 2개×2.6m^3 = <u>5.2m^3</u>

(3) 기타제원

① 수원의 저장방법은 고가수조·지하수조·압력수조방식 및 가압수조가 있다.

② 수조 상단이 바닥보다 높은 때에는 수조 외측에 고정식 사다리를 설치할 것.

③ 펌프의 체절운전시 수온의 상승을 방지하기 위하여 20mm 이상의 순환배관을 설치한다.

④ 기동용수압개폐장치는 압력챔버 및 압력스위치로 구성되며 펌프를 자동으로 기동 및 정지하기 위한 설비이다.(* 압력챔버를 사용할 경우 용적은 100L 이상의 것으로 할 것)

⑤ 펌프의 토출측에는 압력계를, 흡입측에는 연성계 <u>또는</u> 진공계를 설치할 것.

⑥ 펌프의 성능은 체절운전 시 정격토출압력의 140%를 초과하지 아니하고, 정격토출량의 150%로 운전 시 정격토출압력의 65% 이상이 될 것. (* 유량측정장치는 펌프 정격 토출량의 175% 이상 측정할 수 있어야 한다.) ▸ 압4 량5 압6 량7(* 압량압량 4567)

⑦ 옥내소화전함 두께 1.5mm 이상의 강판으로 하고 방식처리를 한다.

⑧ 송수구는 지면으로부터 높이가 0.5m 이상 1m 이하의 위치에 설치할 것

⑨ 하나의 소화전 방수구까지의 수평거리는 <u>25m</u> 이하가 되도록 한다.

---

* **방수량**: 쏟아내는 물의 양 * **저수량**: 지하나 옥상에 저장된 물의 양 * **체절운전**: 시험운전 * **수원**: 물.
* **압력계**: 대기압 이상의 압력을 측정하는 계측기 * **진공계**: 대기압 이하의 압력을 측정하는 계측기

수계시설의 비교 요약

구분	옥내소화전	옥외소화전	스프링클러설비
방수압	0.17~0.7(MPa)이하	0.25(MPa)이상	0.1~1.2(MPa)이하
방수량	130(L/min)	350(L/min)	80(L/min)
저수량	2.6(m^3)	7(m^3)	1.6(m^3)
산정개수	최대 2개(2.6m^3)	최대 2개(14m^3)	예 30개(48m^3)
주수방법	봉상주수	봉상주수	적상주수
기타제원	•수평거리: 25m↓ •호스: 40mm↑ •노즐: 13mm 것 •함두께: 1.5mm↑ •문짝: 0.5m^2↑	•수평거리: 40m↓ •호스: 65mm의 것 •노즐: 19mm 것 •함과 소화전거리: 5m↓	•헤드거리(내화구조): 2.3m↓ •가지배관: 25mm(헤드8개↓) •헤드: 폐쇄형과 개방형 •폐쇄형 방호구역: 3,000m^2↓ •개방형 방수구역: 헤드 50개↓
공통사항	① 가압송수장치: 고가·압력·펌프(지하)·가압식이 있다. ② 계측기: 펌프의 토출측에는 압력계를, 흡입측에는 연성계 또는 진공계를 설치한다. ③ 기동용수압개폐장치: 펌프를 자동으로 기동 혹은 정지시키는 장치(* 100L↑챔버) ④ 펌프성능: 체절운전 시 정격토출압력의 140%를 초과하지 아니하고, 정격토출량의 150%로 운전 시 정격토출압력의 65% 이상이 되어야 한다. ⑤ 유량측정장치: 펌프 정격토출량의 175% 이상 측정할 수 있는 성능이 될 것		

(*^^ 저수량은 해당층 1개를 기준으로 하며, 산정개수는 각 층에서 가장 많은 층의 개수를 말한다.)

【앵글밸브】

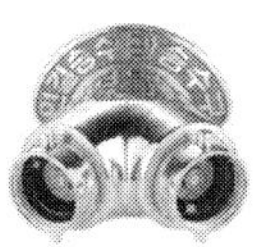

【송수구】

【방수구】

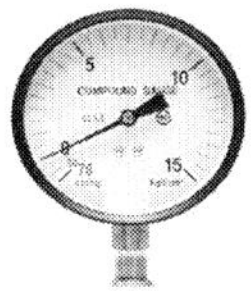

【압력계】

【진공계】

【호스릴 옥내소화전함 내부】

【유량측정장치】

【옥내소화전함 내부】

* 폐쇄형: 헤드가 닫힌 상태의 형 * 1m^3=1,000L
* 앵글밸브: 화재발생 시 소화수를 방출시키는데 사용하는 밸브. 각으로 방향을 가지고 있어서 앵글밸브라고도 하며 열었다 잠갔다 할 수 있다고 해서 개폐밸브라고도 하며 구경은 호스구경과 같은 40mm 이상임.

03 스프링클러설비

1. 개 요

스프링클러설비는 소방대상물 실내의 천장·벽 등에 헤드 및 화재감지기를 설치하고 화재발생시 헤드 및 열·연기감지기 등에 의하여 화재를 감지함과 동시에 송수펌프의 기동과 화재경보를 발하고 배관 내 가압되어 있던 물이 헤드로부터 적상주수 되는 고정식 설비이다. 초기소화로서 조작이 간편하고 안전하며 자동적으로 화재를 감지·경보·소화할 수 있는 설비이다.

2. 구 성

가압송수장치, 배관, 유수검지장치, 헤드, 급수장치 등으로 구성된다.

① 수원 및 가압송수장치: 옥내소화전설비를 준용한다.
② 배관의 종류: 입상배관, 수평주행배관, 교차배관, 가지배관으로 구성된다.
③ 헤드*: 폐쇄형과 개방형이 있으며 헤드는 감열부, 나사부, 프레임, 반사판으로 구성된다.
④ 마지막에 분기하는 가지배관 한쪽의 헤드개수는 8개 이하로 한다.
⑤ 가지배관의 설비방식 배열은 토너먼트(tournament)방식이 아니어야 한다.
⑥ 유수검지장치: 습식, 건식, 준비작동식, 일제살수식, 부압식 등으로 구성된다.

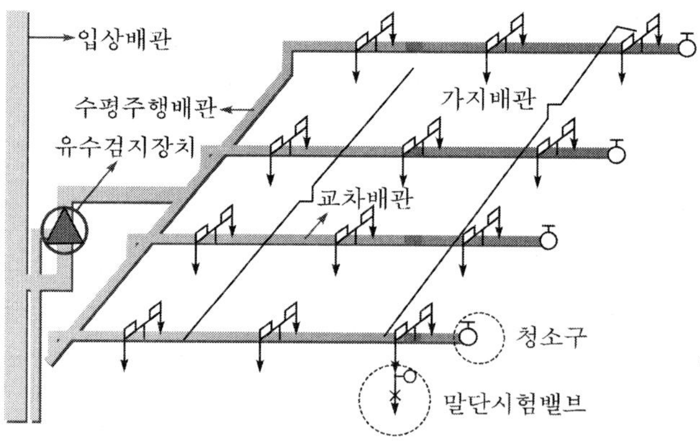

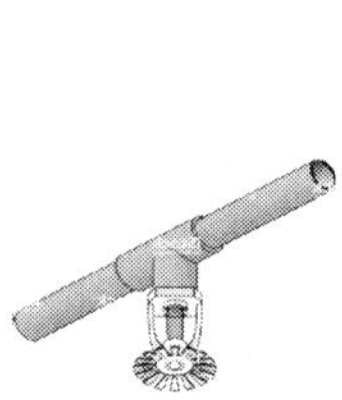

* 헤드: 살수하는 마지막 부분으로 천장 등에 부착하여 물을 뿜는 부속기구로서 폐쇄형과 개방형이 있다(일반적으로 습식·건식·준비작동식 스프링클러는 폐쇄형헤드이며, 일제살수식 스프링클러는 개방형 헤드를 사용한다).

3. 스프링클러설비의 특징

(1) 스프링클러설비의 규정★

하나의 헤드선단에서 방수량 및 방수압은 다음과 같다.

【상향식 헤드】

① 방수량: 80 L/min 이상

② 방수압: 0.1MPa 이상~1.2MPa 이하

③ 수원의 저수량: $Q = N \times 1.6m^3$ 이상

$Q = N \times 1.6\ m^3$(※ 80ℓ/min×20분 = 1,600ℓ) 이상. N = 폐쇄형* 기준개수

■ 수원(물)의 저수량: $Q = N \times 1.6\ m^3$ 이상 (※ 80ℓ/min×20분 = 1,600ℓ)

(단, 30층~50층 미만은 $3.2m^3$, 50층 이상은 $4.8m^3$을 산정, 즉 40분, 60분값을 산정한다.)

(2) 스프링클러설비의 장·단점★

구분	내용
장 점	• 초기진화에 적합하며 소화약제가 물이므로 경제적이다. • 자동적으로 화재를 감지하여 소화 및 소화통보를 해주며 신뢰성이 있다. • 기계적이므로 오동작이나 오보가 적으며 화재진화 후 복구가 용이하다.
단 점	• 초기 설치비용이 크며 시공 시 다른 시설보다 복잡하다. • 소화 후 물에 의한 수손피해가 크다.

※ 옥내·외 소화전 및 소화용수설비, 소화활동설비는 관계인 및 소방대원이 수동으로 하는 설비이지만 스프링클러설비 및 물분무등 소화설비는 화재 시 감지기 등에 의한 자동소화설비이다.

(3) 스프링클러 기타 제원

스프링클러 기타 제원은 다음과 같다.

① 폐쇄형 스프링클러 유수검지장치의 하나의 방호구역은 $3,000m^2$를 초과하지 말 것이며, 개방형 스프링클러 하나의 방수구역 헤드의 개수는 50개 이하로 할 것.

② 습식 스프링클러설비 외의 설비에는 헤드를 향하여 상향으로 수평주행배관의 기울기를 1/500 이상, 가지배관의 기울기를 1/250 이상으로 할 것.

③ 7.5L의 리타팅챔버는 누수로 인한 유수검지장치의 오동작을 방지하기 위한 안전장치로 물을 채워 압력스위치로 연결 동작하며 설비의 작동지연(약 20초) 효과를 가지고 있다.

④ 배관 내 동파방지를 하기 위해서는 보온 조치를 하거나, 부동액을 투입하거나, 순환배관 등을 설치하여 물을 순환시킬 수 있다.

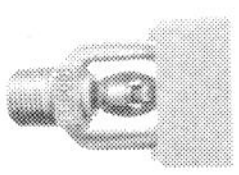

【측벽형헤드】

【폐쇄하향형】

【글라스벌브형】

【화재조기진압용】

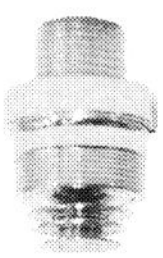

【후러시형】

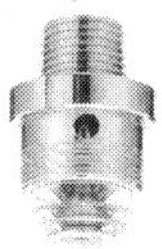

【조기반응형헤드】

4. 스프링클러설비의 종류★★★

(1) 습 식(Wet pipe system)

송수펌프에서 천장 등에 부착되어 있는 폐쇄형헤드(2차측)까지 자동경보밸브를 중심으로 1·2차측 배관이 항상 가압수가 차 있다가 화재 시 열에 의한 헤드의 개방으로 살수되어 소화하는 방식으로 아파트, 사무실 등에 사용된다. 하지만 동파우려가 있는 곳에는 설치가 불가능하다.

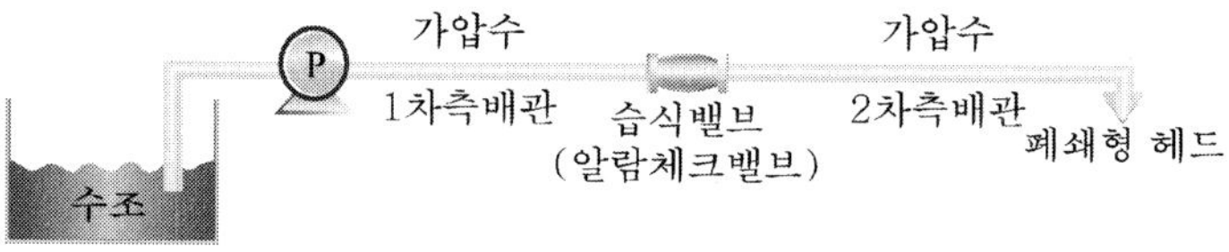

(2) 건 식(Dry pipe system)

송수펌프에서 건식밸브를 중심으로 1차측 배관은 물이 가압되어 있고, 2차측 배관은 자동식 에어콤프레셔를 통한 압축공기 혹은 질소가스로 축압된 상태로 있다가 화재 시 열에 의한 헤드 개방 후 살수되는 방식으로 동파 우려가 있는 한랭지역에 설치가 가능하다. 또한 액셀레이터 등을 사용하여 배관 내 압축공기를 신속히 빼내어 습식보다 늦은 송수속도를 증가한다.

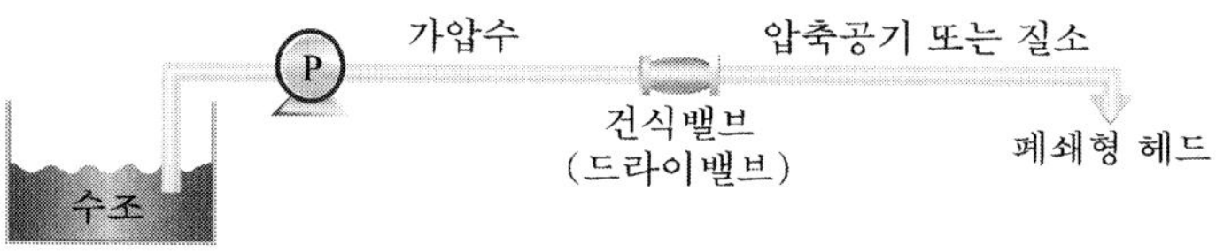

(3) 준비작동식(Pre-action system)

송수펌프에서 준비작동식 밸브를 중심으로 1차측은 가압수가 있고, 2차측부터 헤드까지는 대기압 또는 저압상태이나 화재 시 감지기 작동 후 준비작동밸브를 개방하여 헤드까지 물을 준비시켜 놓고 열에 의하여 폐쇄형 헤드 개방 시 살수되는 방식이다. 대형건물 등에 사용한다.

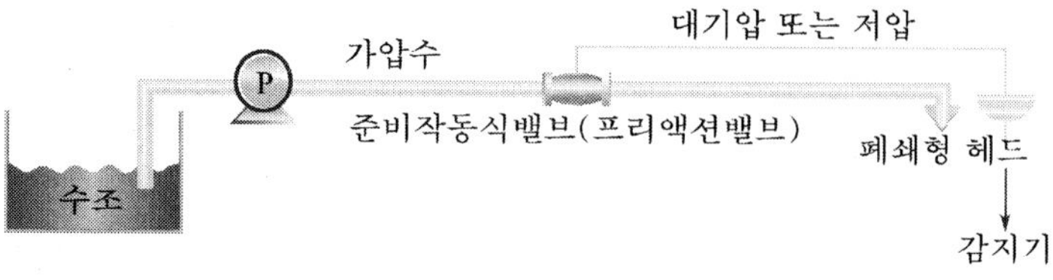

(4) 일제살수식(일제개방식, Deluge system)

송수펌프에서 일제개방밸브(델류지밸브)를 중심으로 1차측은 가압수가 있고, 2차측부터 개방형 헤드까지 대기압 상태로 있다가 감지기의 작동 시 담당구역의 모든 헤드에서 살수되는 방식이며 준비작동식처럼 감지기를 설치하며 화재진압이 가장 빠르다. 용도는 빠른 소화를 요구하는 필름공장, 극장무대, 특수가연물을 저장·취급하는 시설 등에 사용된다.

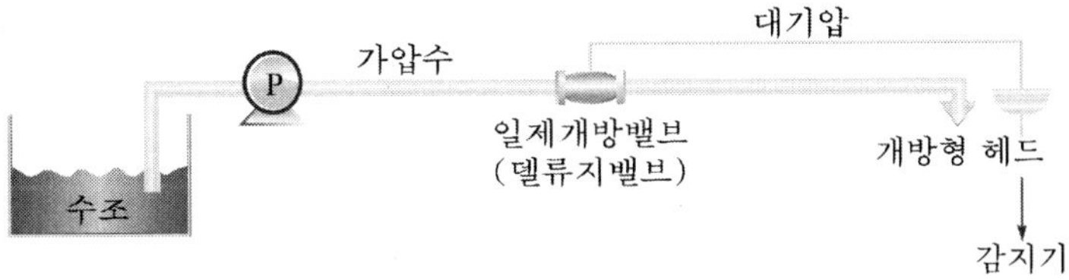

비 교★★★

소화설비	밸 브	배관 (1차측 / 2차측)	헤 드	감지기	주 사용처	특 징
습 식	알람체크	가압수 / 가압수	폐쇄형	X	APT, 사무실	부식
건 식	드라이	가압수 / 질소, 압축공기	폐쇄형	X	한랭지역	느림
준비작동식	프리액션	가압수 / 대기압, 저압	폐쇄형	O	대형건물	복잡함
부 압 식	프리액션	가압수 / 부압수(진공식)	폐쇄형	O	중요건물	단점보완
일제살수식	델류지	가압수 / 대기압	개방형	O	특수가연물	비쌈

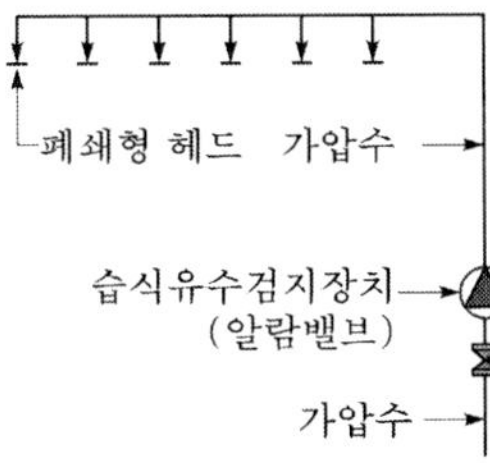

습식(Wet pipe system)

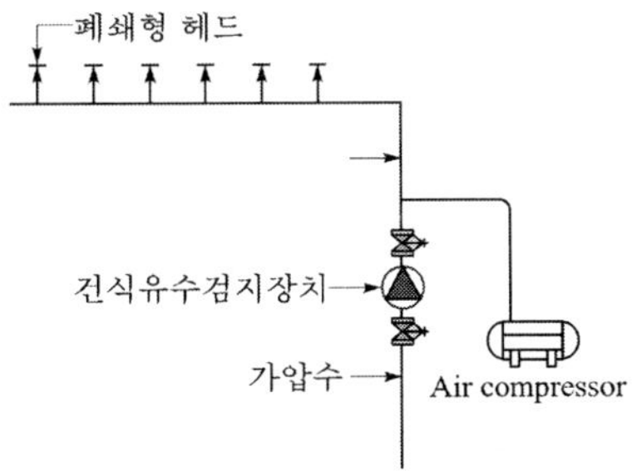

건식(Dry pipe system)

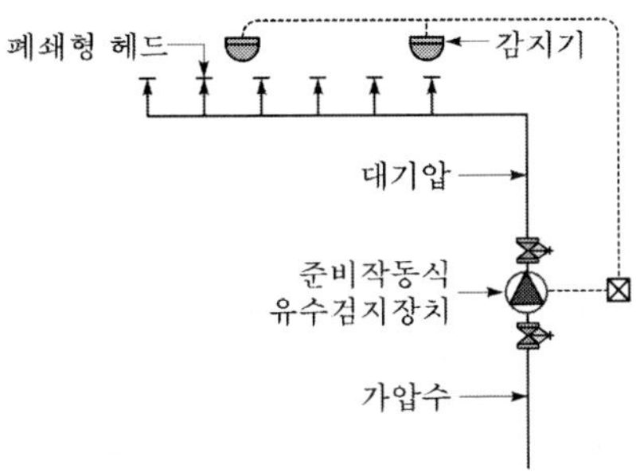

준비작동식(Preaction system)

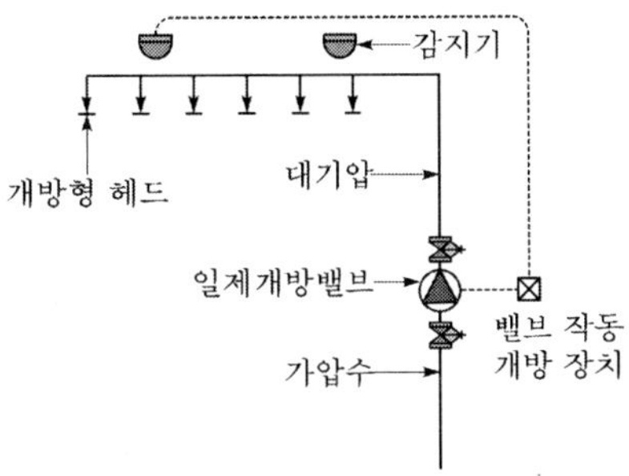

일제살수식(Deluge system)

04 포소화약제 혼합방식

(1) 포소화약제 혼합방식

혼합장치는 비례혼합장치(농도조정밸브에서 조정된)와 정량혼합장치가 있으며 일정한 혼합비를 유지하기 위한 방식은 다음과 같다.

① 라인 프로포셔너방식(line proportioner 관로혼합장치)

펌프와 발포기의 중간에 설치된 벤투리관의 벤투리작용에 의하여 포소화약제를 흡입·혼합하는 방식으로 소형이며 경제적이다. ▶ **암기**: 에라(* **연상**: 에라이!)

♡ 벤투리관 안에서 압력차이로 약제물을 빨아 올려, 배관(라인) 안에서 물과 세제물을 혼합한다.

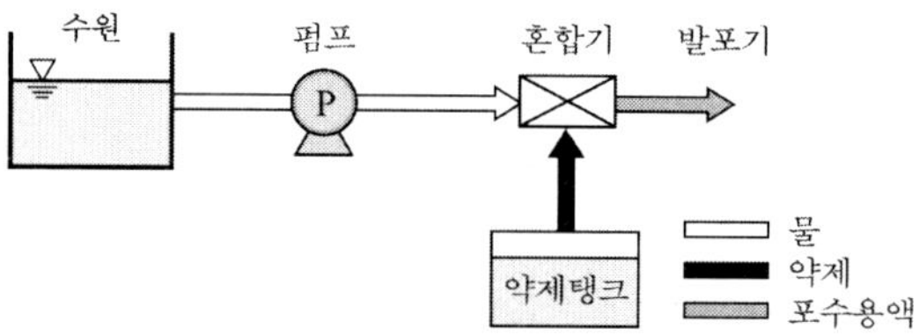

【라인 프로포셔너】

【벤츄리관】

② 프레저 프로포셔너방식(pressure proportioner 차압혼합장치)

펌프와 발포기 중간에 설치된 벤투리관의 벤투리작용과 펌프가압수의 소화약제 저장탱크 압력에 의해서 포소화약제를 흡입·혼합하는 방식. 압송식과 압입식이 있다.

▶ 과프(* 과부)

♡ 약제탱크 밑에서 약제물을 쳐서 올려주고, 벤투리관(혼합기)에서 빨아 올려 배관 안에서 혼합한다.

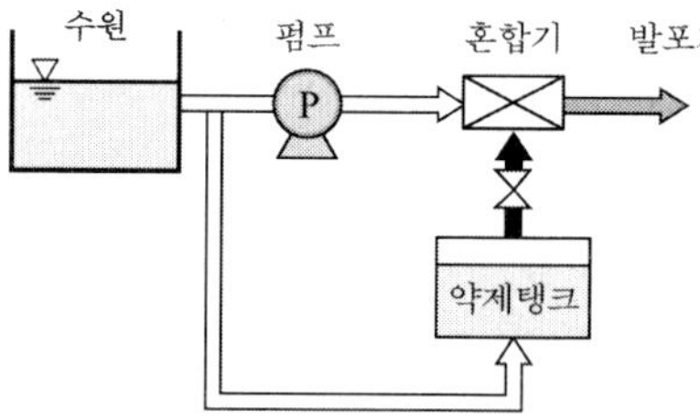

압송식(수상막포)

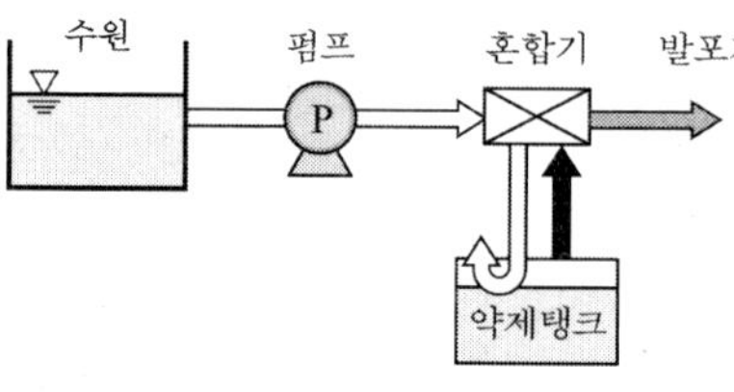

압입식(단백포)

【프레서 프로포셔너】

③ 펌프 프로포셔너방식(pump proportioner 펌프혼합장치)

펌프·토출관·흡입관 사이의 배관 도중에 설치한 흡입기에 펌프에서 토출된 물의 일부를 보내고 농도조정밸브에서 조정된 포소화약제의 필요량을 포소화약제 탱크에서 펌프흡입측으로 보내어 이를 혼합하는 방식이다. ▶ 흡펌(* 흠뻑!)

♡ 흡입기에서 좌측 물과 우측 세제물을 흡입하여 밑의 배관을 통해 펌프로 보내며 계속 순환하며 혼합한다.

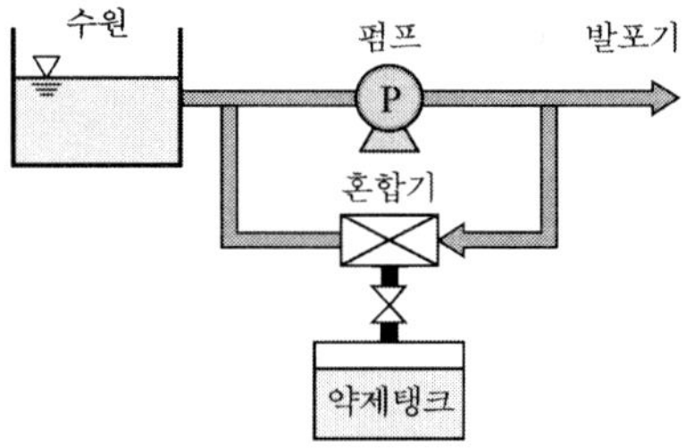

【펌프 프로포셔너】

④ 프레저사이드 프로포셔너방식(pressure side proportioner 압입혼합장치)

펌프의 토출관에 압입기를 설치하여 포소화약제 압입용 펌프와 포소화약제를 압입시켜 혼합하는 방식이다. 혼합비율이 가장 정밀하며, 대형설비에 사용한다. ▶ 압사(* 눌러죽음)

♡ 물 펌프와 세제물을 빨아올리는 펌프 2대를 별도로 사용하여 압입기(혼합기) 내에서 정밀하게 혼합한다.

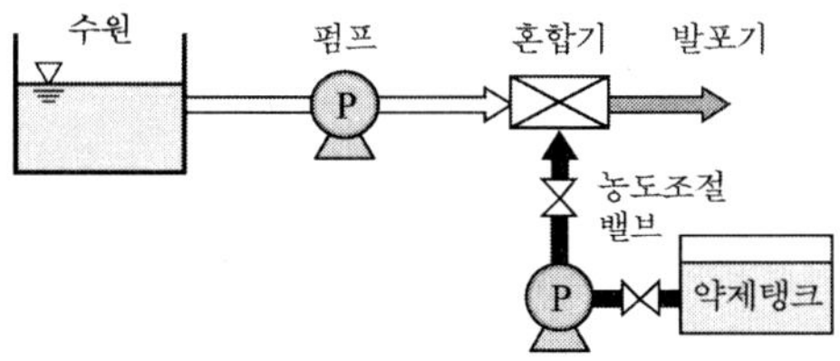

【프레서사이드 프로포셔너】

■ **단축기억 학습법**

- 라인: 벤츄리작용에➡ "작용에" 자만 보이면 라인이 정답이 된다.(1가지 작용)
- 프레저: 벤츄리작용과➡ "작용과" 자만 보이면 프레저가 정답이다.(2가지 작용)
- 펌프: 흡입기 사용➡ "흡입" 자만 보이면 펌프가 정답이 된다.(역류 작용)
- 프레저사이드: 압입기➡ "압입" 자만 보이면 사이드가 정답이 된다.(2대의 펌프)

▶ **암기**: 에라, 과프, 흡펌, 압사(* **연상**: 에라이! 과부가 포에 흠뻑 젖어서 압사 당했다)

---

* 포: 거품. foam(폼) * 계면활성제: 세제. * 벤추리(Venturi)관: 가는관 * 프로퍼셔너: 혼합
* 라인 프로퍼셔너: 배관에서 혼합 * 프레저(press): 압력

CHAPTER 2 경보설비 등

01 자동화재탐지설비

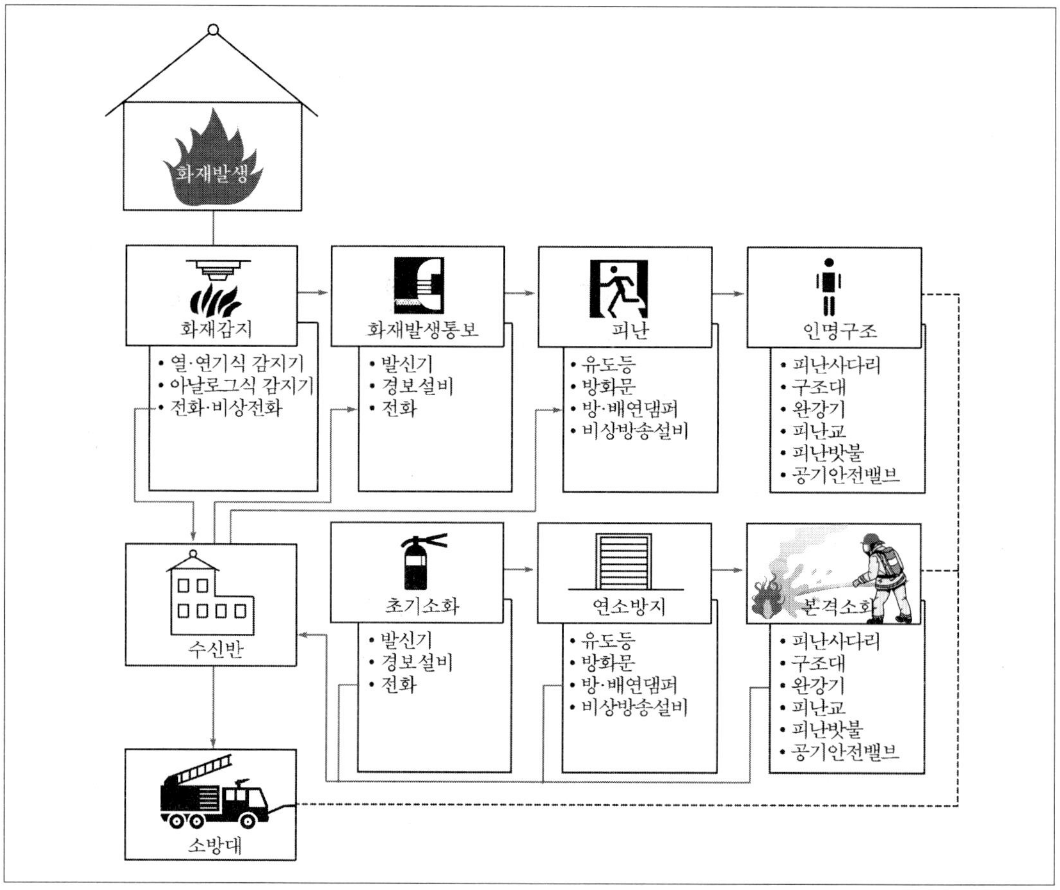

화재발생 ···→ 감지기 동작 ┬ 발신기 및 전화 ···→ 수신기에 전달
　　　　　　　　　　　　　└ 경보설비(자동)

┬ 소화기(수동 조작) ···→
└ 관계인 초기소화(자동) ···→ ― 인명 피난 (소방대도착) ― 소방관 본격소화 ···→ 진화

예습 자동화재탐지설비 계통도

- 열감지기 (주로 -8m미만)
  - 차동식 1, 2, 3종
    - 분포형 (8~15m)
      - 공기관식: (20~100m)-0.3mm, 1.9mm
      - 열전대식: (4~20개)
      - 열반도체식: (2~15개)
    - 스포트형
      - 열기전력이용: 반도체열전대
      - 공기팽창이용: 다이어프램(막)
  - 정온식 특·1·2종
    - 감지선형: 전선을 사용.
    - 스포트형: 바이메탈을 사용.
  - 보상식 - 차동식+정온식 겸한 것(둘 중 하나로 동작가능)
- 연기감지기 (~20m미만)
  - 이온화식(스포트형): 아메리슘 241, α(알파)선
  - 광전식(스포트형, 분리형, 공기흡입형)

특수감지기(불꽃감지기)- 4m 미만~20m 이상 천장 높이에 구애받지 않고 설치 가능.

【감지기 분류 및 핵심이론】

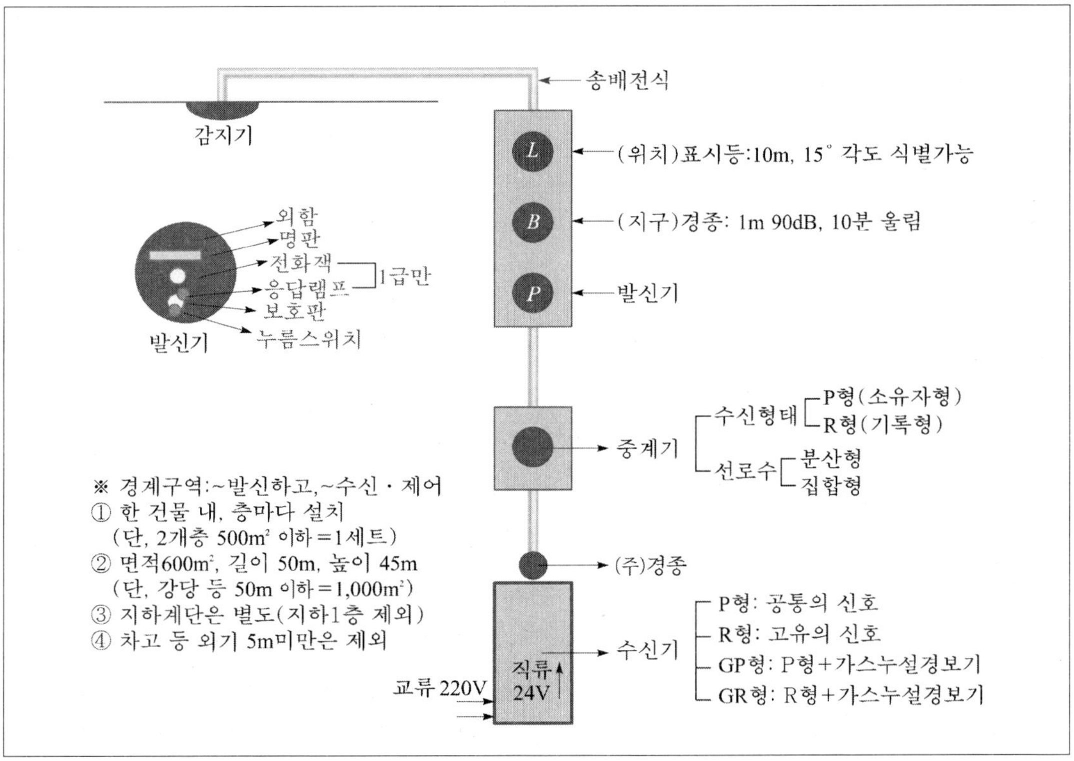

【자동화재탐지설비 계통도】

1. 개 요

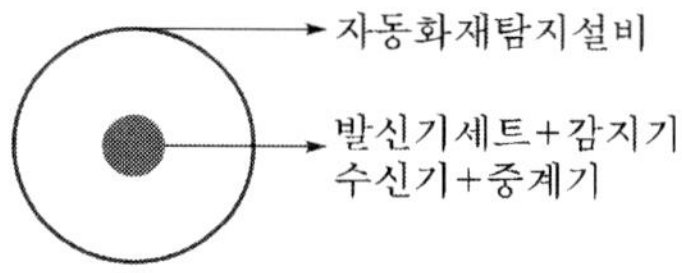

자동화재탐지설비는 화재에 의해 발생되는 열 또는 연기나 불꽃 등을 감지기에 의해 자동으로 감지하여 벨 또는 사이렌 등을 통해 경보를 발함으로서 화재를 초기에 발견하여 해당 건축물의 관계자에게 통보할 수 있는 설비이다.

2. 설비의 구성요소★

감지기, 수신기, 발신기, 중계기, 표시등, 경종(음향장치) 등으로 구성된다.
자동소화설비, 비상방송설비, 자동화재속보설비, 유도등과 연동(연계동작)이 가능하다.

3. 경계구역★

소방대상물 중 화재신호를 발신하고 그 신호를 수신 및 유효하게 제어할 수 있는 구역이다.

① 하나의 경계구역이 2개 이상의 건축물이나 2개 이상의 층에 미치지 아니하도록 한다.
(다만, 500㎡ 이하의 범위 안에서는 2개의 층을 하나의 경계구역으로 할 수 있다.)

② 하나의 경계구역의 면적은 600㎡ 이하로 하고 한변의 길이는 50m 이하로 한다.

4. 감지기의 특징

① 차동식 스포트형: 주위 온도가 일정상승률 이상이 되는 경우에 작동하는 것으로서 일국소에서의 열효과에 의해 작동된다(거실, 사무실 등에 주로 이용).

② 차동식 분포형: 주위 온도가 일정상승률 이상되는 경우에 작동하는 것으로서 넓은 범위 내에서의 열효과 누적에 의하여 작동되는 것을 말한다.

③ 정온식 스포트형: 주위 온도가 일정온도 이상이 되었을 때 작동하는 것으로서 일국소의 열효과에 의하여 작동된다(보일러실, 주방 등)

④ 정온식 감지선형: 일국소의 주위온도가 일정한 온도 이상이 되는 경우에 작동하는 것으로서 외관이 전선으로 되어 있는 것을 말한다.

⑤ 보상식 스포트형: 일국소의 주위 온도 변화에 따라 동작하는 것으로 차동식과 정온식의 성능을 겸한 것을 말한다.

⑥ 이온화식 스포트형: 주위의 공기가 일정한 농도의 연기를 포함하게 되는 경우에 작동하는 것으로서 일국소의 연기에 의하여 이온전류가 변화하여 작동하는 것.

⑦ 광전식스포트형: 주위의 공기가 일정한 농도의 연기를 포함하게 되는 경우에 작동하는 것으로서 일국소의 연기에 의하여 광전소자에 접하는 광량의 변화로 작동하는 것.

■ 감지기 용도 개념~★★

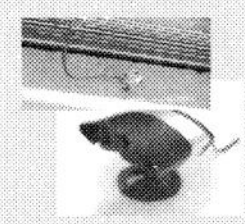

1. **특수감지기**: 4m 미만, 20m 이상 천장높이에 구애받지 않고 설치 가능.
   ① 불꽃감지기
   ② 광전식 중 아날로그방식
2. **연기감지기**: 20m 미만, 계단, 복도, 방송국 등 높은 천장에 사용.
   ① 이온화식(스포트형)
   ② 광전식(스포트형·분리형, 공기흡입형)
3. **열감지기**: 주로 8m 미만의 낮은 천장에 사용
   ① 차동식 스포트형: 거실, 사무실 등에 주로 사용한다.(가장 많이 사용함)
   ② 정온식 스포트형: 온도가 높은 보일러실, 주방 등에 사용한다.
   ③ 보상식 스포트형: 차동식과 정온식의 부속 2가지 성능을 함께 사용한다.

5. 감지기의 제반사항

(1) 연기감지기 설치장소(1종·2종·3종)★

① 복도(30m 미만의 것을 제외

② 계단 및 경사로, 에스컬레이트 경사로.

③ 천장·반자의 높이가 15m 이상~20m 미만의 장소. (* 20m 이상은 특수감지기 설치)

④ 엘리베이터 승강로(권상기실), 린넨슈트, 파이프피트 및 덕트, 기타 유사한 장소.

(2) 감지기 설치 제외장소(* 비정상 장소의 개념)

① 부식성 가스가 체류하고 있는 장소

② 천장 또는 반자의 높이가 20m 이상인 장소

③ 고온도, 저온도로서 감지기 유지관리가 어려운 장소

④ 목욕실, 욕조나 샤워시설이 있는 화장실, 파이프덕트 등 2개층 마다 방화구획된 것이나 수평단면적이 5m² 이하인 것. ▶ 부천고 목욕실 (* 부천고등학교 목욕실 등)

(3) 교차회로방식(가위배선)

① 목적: 소화설비 오동작을 방지하기 위해 인접한 감지기배선을 서로 교차하는 방식.

② 배선: 감지기회로의 배선은 송배전식으로 한다.

---

* 린넨슈트: 병원의 수술복, 호텔의 시트 등을 집합실로 보내기 위한 활강로
* 파이프덕트: 파이프를 넣는 관, 로를 말함.

6. 수신기*

발신기 또는 감지기로부터 발하여진 신호를 직접 또는 중계기를 거쳐 수신하여 화재의 발생을 당해 건물 관계자에게 표시 및 음향장치로 알려주는 설비이다.

(1) P형 수신기: 공통의 신호로 사용되며 성능에 따라 1급과 2급으로 구분된다.

(2) R형 수신기: 고유의 신호를 수신하며 숫자 등의 기록장치에 의해 표시되며 회선수가 많은 건물이나 초고층빌딩, 백화점 등에 사용된다. ▶ **암기**: R고(* **연상**: 알고 수신기)

(3) GP형 수신기: P형 수신기+가스누설경보기 기능을 겸한 것.

(4) GR형 수신기: R형 수신기+가스누설경보기 기능을 겸한 것.

– 그 외 P형·R형 복합식이 있다.

(5) 수위실 등 상시 사람이 근무하는 장소에 설치. 4층 이상은 P형 1급 또는 R형을 설치한다.

■ **R형(Record형) 수신기 특징**

현대식 R형(기록형)은 재래식 P형(소유자형)과 다르게 선로수가 적고 길이를 길게 할 수 있으며 이설·증설이 쉽고 숫자로 수신기에 해당지역이 표시되어 신호전달이 확실하다.

7. 발신기, 경종, 표시등, 중계기 등

① 발신기는 그 기능에 따라 종류를 과거 법령에서 P형, T형, M형으로 나누었다,

② 주(主)음향장치는 수신기 내부 또는 직근에 설치한다. 음량은 1m 떨어진 곳에서 90dB 이상이어야 한다.

③ 표시등은 부착면 15도 방향의 10m 떨어진 곳에서 적색등으로 식별돼야 한다.

④ 중계기는 수신기의 종류에 따라 P형과 R형으로 나눈다.

⑥ 자동화재속보설비는 각지설비로서 자동화재탐지설비와 연동으로 작동된다.

⑦ 단독경보형 감지기는 무선감지기로서 별도의 수신기를 필요로 하지 않는다.

⑧ 비상방송설비의 확성기의 음성입력은 3w(실내 1w) 이상이며 배선은 3선식으로 할 것

⑨ 누전경보기 구성은 (영상)변류기, 수신기, 차단릴레이, 음향장치(70데시벨 이상)이다.

⑩ 완강기는 교대하여 사용할 수 있으며 조속기, 후크(조속기의 연결부), 로프, 연결금속구, 벨트로 구성된다. 최대사용 하중은 1,500N(약 150kg)이상 견딜 수 있어야 한다.

우리나라 공무원은 약 35개 직렬로서 120만 명이다 이곳을 향한 수험생은 35만 명이다.
그 중 10% 정도가 매년 합격을 하고 나머지 90%는 포기하거나 내년을 준비하고 있다.
(* 10%란? 작년에 필기 합격자나 커트라인에 걸려서 낙오된 사람이 주로 합격을 한다)

02 피난구조설비

1. 유도등 및 유도표지

(1) 개 요

평상시는 상용전원으로 점등되고, 화재나 정전 시는 비상전원으로 자동전환되어 20분 이상(11층 이상의 고층건축물과 지하층·무창층으로서 지하상가, 지하역사, 도·소매시장, 여객자동차터미널, 고층건축물 등은 <u>60분</u>) 작동할 수 있어야 한다. ▶ **암기**: 지지도 여고

■ 60분 작동: 지하상가, 지하역사, 도·소매시장, 여객자동차터미널, 11층 이상의 고층건축물.

(2) 유도등의 설치 기준*

① 피난구유도등(녹색바탕에 백색문자)
피난 출입구 위치를 표시하며 출입구 바닥 높이 1.5m 이상에 설치한다.

② 통로유도등(백색바탕에 녹색문자) ▶ **암기**: 피녹백, 통백녹

㉠ 계단통로유도등: 계단참(1개 층에 2 이상 있는 경우는 <u>2개</u>의 계단참마다)이나 경사로참(바닥으로부터 1m 이하)에 설치한다.
㉡ 복도통로유도등: 바닥 높이 1m 이하의 위치에 설치한다.
㉢ 거실통로유도등: 거실, 천장, 주차장 통로에 바닥으로 1.5m 이상에 설치한다.
(* 복도통로유도등 및 거실통로유도등의 설치개수: 보행거리 20m마다 설치한다.)

③ 객석유도등: 객석의 통로·바닥 또는 벽에 4m마다 설치한다.

(3) 유도표지

① 피난구 유도표지는 출입구 상단에 표시, 통로 유도표지는 높이 1m 이하의 위치에 설치
② 유도표지까지의 보행거리가 15m 이하가 되는 곳과 구부러진 모퉁이의 벽에 설치할 것
③ 피난 방향을 표시하는 통로유도등이 설치된 부분은 유도표지를 설치하지 아니할 수 있다.

▶ 전체**암기**: 유일오 복통 20 객사 (* **연상**: 유일호는 복통을 스무번 앓다가 객사했다.)

【피난구 유도등】

【복도통로 유도등】

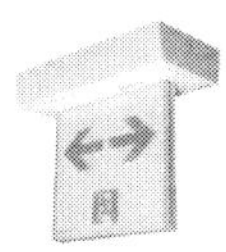

【거실통로 유도등】

【객석유도등】

03 소화활동설비

1. 제연설비

(1) 개 요

화재 시 연기가 침입하는 것을 방지하고 산소와 함께 외부의 신선한 공기를 불어넣어서 인명을 신속히 피난시킴과 동시에 소방대원의 소화활동을 원활하게 돕는 소화활동설비*이다.

2. 설치 기준

제연설비의 설치 기준은 다음과 같다.

【연동제어기】

① 하나의 제연구역 면적은 1,000m² 이내로 한다.
② 거실과 통로(복도 포함)는 상호제연구획* 으로 한다.
③ 통로상 제연구역은 보행중심선의 길이가 60m를 초과하지 않을 것.
④ 하나의 제연구역은 2개 이상 층에 미치지 아니하며, 직경 60m 원 내에 들어갈 수 있을 것.
⑤ 배연구는 실의 상부에 설치하고 급기구*는 바닥부분 하부에 설치한다.
⑥ 유입풍도 안의 풍속은 20m/sec 이하이어야 한다.
⑦ 배출기 흡입측 풍도 안의 풍속은 15 m/sec 이하, 배출측 풍속은 20 m/sec 이하로 한다.
⑧ 예상제연구역의 각 부분으로부터 하나의 배출구까지 수평거리는 10m 이내가 되도록 한다.

참고: 자동화재탐지설비와 제연설비의 비교

구 분	자동화재탐지설비	제연설비
면 적	600㎡	1,000㎡
길 이	50m	60m

* 급기구: 신선한 바람을 불어 넣어주는 기구 * 상호제연구획: 여기서는 따로따로 구획할 것이라는 말
* 연동제어기: 열·연기감지기 등에 의해 화재 시 연기침입 등을 방지하기위해 방화셔터를 내리는 장치

PART 7

서브학습

※ 본서 인쇄일까지 개정된 법령으로 편집함.

조동훈소방학

최종합격 대비를 위한 서브노트(쌤플)

▶ 시험장에서 과목의 출제 내용을 먼저 대충 살펴보고, 쉬운 과목부터 푼다.
– 본서 인쇄일까지 법 변경 내용으로 작성되었습니다. –

- 며칠– 14일, 30일 * 14일: ( )신고 / * 30일– (▶ 지선영 대변불과)
- 몇 주: 2주 (교육·훈련, 게시판 등), / * 8주:(화재조사 교육)
- 몇 년: 년 (* 단, 구조·구급 쪽 서류보관: 3년)
- 몇 도(온도): 40℃(보관온도) 그 외 100℃, 20℃→ * 특인물: 백이사 100℃↓, –20℃↓, 40℃↓.
- 몇 대: 기계식 주차장 (20)대
- 몇 리터: 위험물 탱크– (100)만 리터
- 몇 분의 일: 1/30(무창층)
- 몇 밀리: (65)mm 구경(송수구, 방수구, 옥외소화전 배관, 연결금속구)
- 몇 m(거리): • 수평거리: 25m 이상(옥내 등).(단, 옥외: 40m 이하)

–보행거리 20m↓: 소형소화기, 복도·거실통로유도등 / 보행거리 30m↓: 대형소화기

■ 보행거리: (소화기 등) ■ 수평거리: (옥내소화전 등)

- 아닌 것: **만**(쪽방, 경종), **항상**(벽을, 습식스프링클러), **반드시**(목표, 대형화재, R형수신기: 중계기)
- 실시: 시험 및 교육실시자– (주로 소방청장) 그 외 (시도지사)가 실시한다.
- 화재 시 4대 연소생성물 : ① ② ③ ④ ▶ **암기**: 연불열연
- 위험물특성에서 어려운 단어: 작을수록 위험(소위) ▶ **암기**: 인착점비융(열전.활성) 소위
- 분진폭발이 나오면: 분진폭발 촉진조건부터 생각한다.(밀도, 수분, 입자가 작을수록...* 밀수입 감소)
- 밀도가 나오는 문제: "뜨거우면 (밀감)된다"를 생각한다./ • 구조: (내화)구조/ 재료: (불연)재료
- 소방에서 "피하는 것": 동.은.마.수(아세트알데이드· 산화프로필렌, 아세틸렌)
- 구조활동 우선순위: ① ( )⇨ ② ( ) ⇨ ③ ( ) ⇨ ④ 재산 보전
- 특수구조대?(4가지) : ( )·( )·( )·( )·( )구조대
- 소방기관이란?(8가지) :
- 임용이란?(13가지) :

■ **소방공무원의 임용**

① 국가소방공무원
㉠ 소방령↑: ( )의 제청으로 국무총리를 거쳐 대통령이 임용한다.(예 소방본부장)
㉡ 소방경↓: ( )이 임용.
(※ 소방준감↓: (정직, 강?) 6가지는 소방청장이 행함.)
② 시·도지사→ 위임받은 임용권의 일부를 그 소속기관장에게 다시 위임할 수 있다.

- 갑자기: 플래시오버(복사열로 인한 가연물 분해가스 확대) / 백드래프트(산소유입으로 CO폭발)
- 서서히: 자연발화(후텁지근한 상태의 가연물질의 열 축적) / 관창(송수시 열때 또는 잠글 때도..)

역사

1. (　　)년: 세종 8년 (　　)도감 설치(최초의 소방관서)
2. (　　)년: 일제강점기. 최초로 경성(종로)소방서 생김
3. 1945년: 미군정기. (　)에서 독립된 최초의 자치소방 실시 (※ 46년 (　)위원회 설치)
4. 1948년: 정부수립. 독립된 최초의 자치소방에서 경찰에 예속, 국가소방체제로 다시 전환
   (　　적 소방행정) (▶ **중앙**: 내무부 치안국 소방과 / 지방: 경찰국 소방과)
5. (　　)년: 소방법 제정(3/11일)
6. 1972년: 국가와 자치소방체제. 서울, 부산에 첫 소방본부창설(　　적 소방행정)
7. (　　)년: 시·도 광역자치소방체제 확립(광역 행정). 전국 시·도에 소방본부 설치.
8. (　　)년: 5월 소방방재청 설립　/　9. (　　)년: 11월 국민안전처 설립
10. (　　)년: 7월 소방청 개청 / 11 현재 (국가직) 행정의 소방체제로 운영됨.

재난관리의 단계 괄호에 번호 넣기 ① 점검, 법규　② 구축　③ 가동, 공급　④ 지원

예방 · 완화 (평상시) → 대비 · 계획 (징후) → 재난발생 → 대응 (직후) → 복구 (활동)

(　　)　(　　)　(　　)　(　　)

재난법령 (국가 + 시·도 자치행정)

① 대통령→ (　　)선포권자(※ 1가지)
② 국무총리→ 중앙(　　)위원장, 국가안전관리기본계획 (　) 년마다 수립.(※ 2가지)
③ 행정안전부장관→ (　　) 운영, 중앙(　　)대책본부장, (　) 선포권자 등
④ 시·도지사→ (　　) 운영 등 평상시 지역책임자
⑤ 시·군·구청장→ (　　) 운영 등 평상시 지역책임자
⑥ 소방청장→ (　) 긴급구조통제단장 (※ 차관급)
⑦ 소방본부장→ (　) 긴급구조통제단장
⑧ 소방서장→ (　) 긴급구조통제단장

계획: (　년) 마다 -

① (　　)는 국가안전관리기본계획을 (　년)마다 수립
② (　　)은 재난 및 안전관리기술개발 종합계획(개발계획)을 (　년)마다 수립
③ (소방청장)은 소방업무계획 (5년)마다 수립 ↔ (시도지사)는 소방업무 세부계획 (5년) 수립
④ (국가)는 화재안전정책 기본계획 (5년)마다 수립 ↔ (소방청장)은 시행계획 (5년)마다 수립.
⑤ (　　)는 소방력 계획을 (　년)마다 수립
⑥ (　　)은 다중이용업소 안전관리 기본계획을 (5년)마다 수립

연소특성에 의한 화재의 분류

급 수	종 류	표시 색상
A급	일반화재	(　)
B급	유류화재	(　)
C급	전기화재	(　)
D급	금속화재	(　)
E급	가스화재	(　)
K급	주방화재	(　)

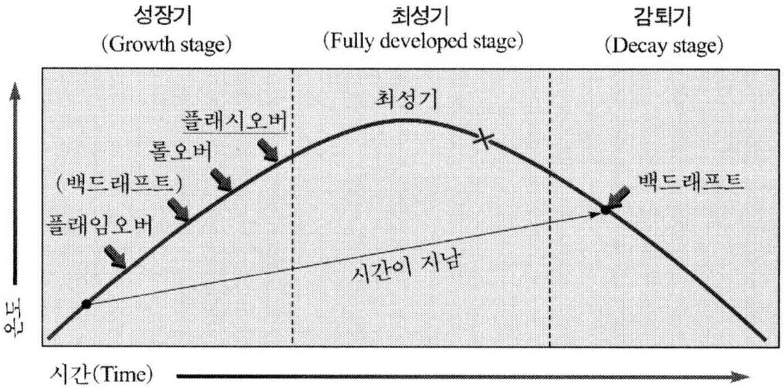

【각 이상현상의 단계별 분류】

중증도 분류

분 류(바탕색상)	처치 요구시간 한계	환자 상태	팔목(요골,노뼈동맥)
1. 긴급환자(　　)색	즉각 처치가 필요상태	개방성 흉부손상, 쇼크 등	촉진(　)
2. 응급환자(　　)색	45~60분 견디는 상태	화상 및 골절환자(대퇴부 등)	촉진(가능)
3. 비응급환자(　　)색	수시간 이상 문제없음	연부조직손상 등 경미한 환자	·
4. 지연환자(　　)색	사망으로 확인된 환자나 사망으로 예상이 판단된 환자		무호흡, 무맥

스프링클러의 분류

소화설비	밸 브	배관(1차측 / 2차측)	헤 드	감지기	주 사용처	특 징
습 식	(　)	가압수 / (　　)	(　)형	X	APT, 사무실	부식, 무거움
건 식	(　)	가압수 / (　　)	(　)형	(　)	한랭지역	느림
준비작동식	(　)	가압수 / (　　)	(　)형	(　)	대형건물	복잡함
일제살수식	(　)	가압수 / (　　)	(　)형	(　)	특수가연물	대량급수, 비쌈

포소화설비 분류

■ 핵심: • (　): 벤츄리작용에 (1가지 작용)　　• 프레저: 벤츄리작용과 (2가지 작용)
• 펌프: 흡입기 (역류 작용)　　• (　　　): 압입기 (2대의 펌프)
► **암기**: 에라,과프,흡펌,압사(* **연상**: 에라! 과부가 포에 흠뻑 젖어 압사했다)

R형수신기의 특징

■ R형수신기 특징: ⇢ 보기 ① 쉽 ② 길 ③ 적
① 선로수가 (고)　　② 길이를 ( )게 할 수 있으며　　③ 이설·증설이 ( )고
④ 숫자로 지역이 표시되며　⑤ 신호전달이 확실하다.
► **암기**: 적길이는 숫놈인데 신호전달이 확실하다 (* **연상**: R형을 좋아하는 적길이는~)

구조대원의 자격

① (   )이 실시하는 (인명구조사)교육을 받았거나 (   ) 시험에 합격한 자

② 국가·지방자치단체·공공기관에서 구조관련 분야의 근무경력이 (   )년 이상인 자

③ (   )의 자격을 가진 사람으로서 (   )이 실시하는 구조교육을 받은 사람

구급대원의 자격

① 의료인 : ㉠   ㉡   ㉢

② 1급(   )의 자격을 취득한 사람

③ 2급(   )의 자격을 취득한 사람

④ (   )이 실시하는 구급업무에 관한 교육을 받은 사람 ⇢ 운전과 (   )업무만,

각 석유류(단위: 미만) ▶ 인화점: 21 ~ 70 ~ 200 ~ 250℃

1석	2석	3석	4석유류
21 →	70 →	200 →	250℃

동식물유류 ⇤

혼동되는 것 정리

•탄산칼슘: 석회석으로 분진폭발x ⇢ 분필 원료임

•탄화칼슘: 제3류 위험물 물과 혼합 시 (   )가스를 발생

※ 학습상 찾아보기를 위해 괄호 속의 정답은 생략합니다.

※ 세계 최고의 농구 선수였던 마이클 조던이 했던 말이 생각납니다.

"나는 지금까지 9,000번 넘게 슛을 성공시키지 못했다.
나는 지금까지 300번 넘게 경기에서 져봤다. 사람들이 나를 믿어 주었을 땐,
26번이나 결정적인 슛을 실패했다. 나는 계속 실패하고, 실패하고 또 실패했다!
그것이 내가 성공한 이유였다!!"

- 그렇네요! 강한 사람이 이기는 것이 아니고, 이기는 자가 강한 사람이네요!
  컥! 전쟁이 일어났다고 생각하고 전술(작전)을 생각하며 학습해보겠습니다.

◉ **저자 카페 사이트** (오답, 오타, 질문) • 카페명 : 완전정복소방학교 119(조동훈과 함께하는 소방119)

• 카페: http://cafe.daum.net/goto119 • 메일: jodh119@hanmail.net

• 핵노트 (보충 핵서브)

■ "원인을 기준" 으로 하는 소방과학 이론 정리

① F/O 원인은 복사열(* 결과는 가스불 확대)
② B/D 원인은 산소(* 결과는 CO 가스폭발)
③ 화재시 가스중독 원인은 CO(* 결과는 Hb)
④ 블래비 원인은 물리적폭발(* 결과는 화학적)
⑤ 유화소화 원인은 유화층(* 결과는 산소차단의 질식소화)

■ "다양한 반응의 개념 학습" 정리

① 재난법상 각 책임자에 대한 행안부장관
② 리프팅에 대한 백파이어
③ 가연물의 특성, 대위에 대한 소위(작을수록 위험)
④ 확산연소에 대한 예혼합연소
⑤ 자연발화에서 각 종류(분산미흡중)에 대한 산화열
⑥ 저층건물 연기를 이동시키는 요인에 대한 고층건물
⑦ 화학적 폭발에 대한 물리적 폭발의 종류
⑧"석가탄생시대유"에 대한 분진폭발의 종류
⑨ 가스폭발에 대한 분진폭발의 비교
⑩ 사망·비응급·응급환자에 대한 긴급환자
⑪ 1급 응급구조사에 대한 2급 응급구조사
⑫ 1·2도 화상에 대한 3도 화상
⑬ 위험물"지정품목 외"에서 제3류·5류·6류이 아닌 제1류 위험물 8가지

■ 소방학에서 구성 이론

① 화재의 급수 → 물질의 종류와 성상 – A·B·C·D·E·K급 화재
② A급·B급화재 → 재가 남느냐 재가 남지 않느냐의 구분
③ 보일·슬롭오버 → 탱크 바닥에 물이 있느냐? 탱크 속에 물이 차 있느냐
④ 석유류 구분 → 인화점에 따라 – 제 1·2·3·4석유류
⑤ 유염·무염연소 → 연쇄반응의 유무(일반적) – 유염연소(있다), 무염연소(없다)
⑥ 인화점·발화점 → 점화에너지 유무 – 인화점(점화원), 발화점(무점화원)
⑦ 인화점·연소점 → 연소의 지속여부– 인화점(시작), 연소점(시작 후 지속)
⑧ 대류와 복사 → 매질(열 전달물질)유무 – 전도·대류(매질로), 복사(매질없이 전달)
⑨ LOI와 MOC → 연소를 지속하기위한 산소의 양 – 섬유 난연성 실험이냐?, 가스불 전파냐?
⑩ 폭연과 폭굉 → 화염의 전파속도에 따라 – 아음속(폭연), 초음속(폭굉)
⑪ 위험물 유별 → 품목별 성질, 예방·소화의 공통성 – 제1류~제6류위험물
⑫ 위험물 성상 → 화재위험성, 확대위험성, 소화곤란성 – 제1류~제6류위험물

• 핵노트2 (보충 핵서브)

공학론에서 난해한 "영향" 이론에 대한 핵심 키워드

구 분	영향 요소	오답 / 페이지
① 화재 진행	배연구 크기·개수·위치, 구획실 크기, 천장 높이	구획실 위치
② 플래시오버	화원의 크기, 내장재 종류(성질, 양), 개구부 조건.(실의 온도)	방화구획
③ 목재의 연소	수분 함유량, 비표면적, 산소공급, 비열, 온도 등	목재 농도
④ 화재강도	가연물의 배열상태·화재실 구조·발열량·비표면적	배연강도
⑤ 화재가혹도	가연물 배열, 개구부 구조, 연소속도·열량, 화재하중 등	
⑥ 연소속도	온도·산소·압력(TOP)·촉매·불활성기체+비열·밀도·열전도율	화염비중
⑦ 연소범위(측정)	TOP, 불활성 물질, 촉매, 난류 등	
⑧ MIE	온도·산소분압·압력·농도·발열량이 클때(열전도율이 낮을 때)	
⑨ 발화점	TOP·촉매·가열속도·시간, 용기 형태·크기·재질·종류·방법	가열공간 위치
⑩ 자연발화	AQTm↓(표면적·발열량·온도·수분이 낮을수록)	열 비축적
⑪ 연기의 이동	팽창(e)·부력(b)·굴뚝(s)·공기조화(h)·바람(w)·피스톤(p)	가스유입
⑫ 굴뚝효과	온도, 건축물 내·외 온도차, 건축물 높이, 외벽의 공기밀도	층의 면적
⑬ 블래비현상	인화성, 용기재질, 물질적역학, 물질 종류·형태, 온도·압력	저장용기 위치
⑭ 분진폭발	산소농도, 수분, 화학적성질·조성, 가연성가스, 입도·입도분포	
⑥⑦⑧⑨⑭ 등은 불활성 물질, 난류, 온도, 산소, 압력 등에도 영향을 미친다. ▸ 불난 TOP(온산압)		

■ **숫자가 클수록 작용(영향)이 큰 것:**

① 화상: 1도< 2도< 3도< 4도화상

② 분말소화제: 1종< 2 혹은 3종 < 4종

③ 폭발의 등급: 1등급< 2등급< 3등급

④ 판매취급소: 1종< 2종판매취급소

▸ **암기**: 화분폭판

■ **숫자가 작을수록 작용(위험성)이 큰 것:**

① 지정수량(kg, L)이 작을수록 위험하다

② 허용농도(ppm)가 작을수록 위험하다

▸ **암기**: 지정허용

• 핵노트3 (보충 핵서브)

■ 이론(시험)에 어떤 제시가 없으면 그 기준은?

① 물질은 액체를 기준으로
② 구조는 내화구조를 기준으로
③ 유류탱크는 100만 리터를 전제로
④ 폭발은 화학적 폭발을 기준으로 한다
⑤ 화상은 열화상 그 기준을 전제로 한다.
⑥ 유도등 배선은 2선식을 기준으로 한다.

※ 법규에서도 조건이 없다면 층수는 '지하층을 제외한 층수'로 이해한다.

■ 기준을 잡아야 하는 소방공학 몇가지 분석!

① 연소범위 가장 큰 것 - 아세틸렌: 2.5~81%.(→ 산화에틸렌: 3~80%→ 수소: 4~75% 순)
② 위험도가 가장 큰 것 - 이황화탄소: 35.7.(→ 아세틸렌: 31.4 순)
③ 비열이 가장 큰 것 - 물의 비열은 1로서 제일 크다.(수소, 헬륨 제외)
④ 발화점이 가장 낮은 것 - 황린: 30~34℃(→ 황화린, CS_2: 100℃, 셀룰로이드: 180℃ 순)

그 외 비공학론에서 중심의 기준은 역사파트는 조선시대, 공무원법은 임용권자, 재난법은 행장관, 화재조사는 원인·피해조사, 위험물은 1~6류 모두, 구조·구급은 자격, 시설론은 스프링클러, 자탐.

■ A·B·C급 화재에 적응되는 소화약제

일반적으로 A·B·C급 화재에 적응되는 소화는 제3종 분말소화기, 할론1211 소화기이다.
그러나 무상으로 방사 시 (액체의 작은입자가 공중에서 격리되어 일시적 전기부도체로서) 물, 강화액, 산·알칼리 소화제도는 수계에 속하지만 C급 전기화재에 적응이 가능하게 된다.
또한 심부화재 국소방출시 CO_2, 할로겐화합물 및 불활성기체는 A급화재에도 적응이 되므로 A·B·C급 화재에 적응되는 소화약제는 그 조건에 따라 실로 여러 가지로 구분이 될 수 있다.

소화의 적응성

화재(급수)	주소화	적응성(주소화약제 / 부소화약제)
• 일반(A급)	냉각	물, 포, 분말(3종) / CO_2(국소), 할론(1211), 할·불(전역), 강화액, 산·알칼리
• 유류(B급)	질식	포, CO_2, 할론, 할·불, 분말 / 강화액(무상), 산·알칼리(무상), 고체에어로졸
• 전기(C급)	질식·제거	CO_2, 할론, 할·불, 분말 / 강화액(무상), 산·알칼리(무상), 고체에어로졸
• 금속(D급)	질식	건조사, 팽창질석, 팽창진주암, 금속화재용분말
• 가스(E급)	제거(질식)	CO_2, 할론, 할·불, 분말소화기
• 주방(K급)	질식(냉각)	강화액(K급소화기), 제1종분말, 담요, / 마요네즈, 배추, 소다 등

※ A·B·C급 소화에는 물분무, 제3종분말, 할론1211, 무상의 강화액, 할·불, CO_2, 고체에어로졸 등이다.

• 핵노트4 (보충 핵서브)

▩ 가압방식의 소화란?

가압식이란? 자체 방사할 수 있는 힘이 없어 압력원인 질소, CO_2를 넣어 방사하는 방식이다.
가스 소화기(CO_2, 할론 등)는 가스로서 외부의 가압원이 필요없이 자체힘으로 방사가 가능하다.
산알칼리, 화학포소화제는 용기 내통 유리병에 황산이 들어있어 파병·혼합으로 CO_2가 생성된다.
그래서 생성된 CO_2 자체 압력으로 외부의 별다른 가압원이 없이 방사를 할 수 가 있다.
그러나 분말은 고체가루로서 질소, CO_2 등 기체 가압원을 용기 속에 넣어야 그 힘으로 방사되며,
예외로 백화점에서 볼 수 있는 할론1211은 자신이 기체지만 본디 압력이 약해서 가압원이 필요하다.
– 참고로 할론1301의 경우는 고압으로 액화되어 질소 등 충전가스인 가압원이 필요하지 않다.

▩ 소화 (* 연소의 4요소에 연결, 소화의 6요소를 본다.)

원인이 있으면 결과가 있다. 연소의 4요소에 연결하여 소화의 6요소를 알아본다.

① 가연물을 제거한다.(제거소화법) – 원인과 상태를 분리, 차단 등으로
② 산소를 차단한다.(질식소화법) – 주위의 산소농도를 15% 이하로 낮춘다.
③ 화점의 온도를 낮춘다 (냉각소화법)– 열을 흡수, 점화에너지를 차단한다
④ 산화반응의 진행을 차단.(억제소화법)– 래디컬을 흡착하여 연소상태를 저지
⑤ 기름 등 화재 시 유면을 에멀젼 시킨다.(유화소화법)– 유회층(막)을 형성한다.
⑥ 가연물의 농도를 희석시킨다.(희석소화법).– 증기 농도를 묽게(희박하게) 한다.

▩ 오존(O_3)층이란?

• 성층권(지상 10~50 km)에 전체 오존량의 90% 이상이 존재하며,
지상 20~30km의 높이에 가장 높은 오존의 농도로 밀집되어 있는 층이다.
오존층은 유익한 자외선만 통과시킴으로써 지구상의 생물 등을 보호하고 있다.
오존층 파괴 물질은 세정제, 발포제, 프레온가스, 할론소화약제, CO_2 등이 있다.
(* 할론의 오존층파괴 비교는 할론1301〉할론2402〉할론1211〉할론104〉CO_2순.)
예 프레온이 성층권까지 올라가면 오존층을 계속 파괴하면서 1백년 머무를 수 있다.

• 오존층이 파괴되면?
① 강한 유해 자외선이 지표면에 도달하여 질병에 대한 면역성을 저하시키고
② 바다의 플랑크톤 감소로 어류계에 먹이사슬이 파괴, 생태계에 악영향이 생기며
③ 인체에 특히 피부가 약한 여성에게 피부암 및 눈의 수정체에 백내장이 유발되고
④ 식물의 탄수화물을 생성하는 광합성작용을 방해하여 성장 감소, 수확량이 감소된다.

• 오존파괴지수(ODP)는? 오존을 파괴하는 주범은 프레온이다. 대표적인 프레온가스인 CFC-11($CFCl_3$, 삼염화불화탄소)를 1로 정하고 오존층에 대한 영향을 비교한 것이다.
(* 참고로 지구 온난화의 주범은 CO_2(55%)이기 때문에 "GWP"는 CO2로 측정한다)

$$\boxed{\text{ODP}} = \frac{\text{어떤 물질 1Kg이 파괴하는 오존량}}{\text{CFC-11 1Kg이 파괴하는 오존량}}$$

스킬 수석하는 스킬

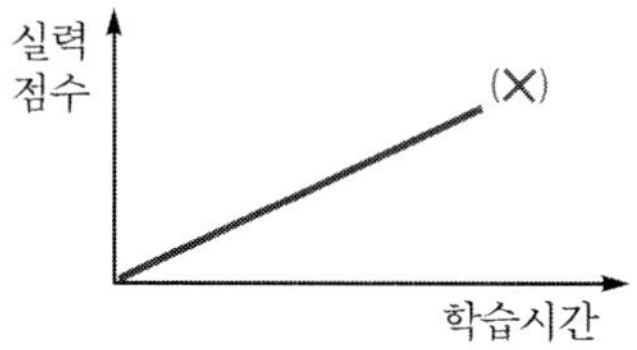

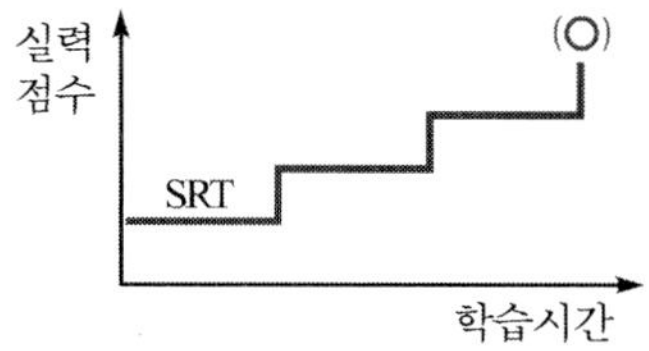

- 첫 Start(1 사이클)는 실력이 오르는게 아니고 범위와 용어 정도를 배우는 것이다.
- 실력은 시간과 비례하지 않는다. 점수는 경사식이 아니고 계단식 비례로 올라간다.
- 학습은 점보다는 면을 ⇢ 면보다는 선을, 활용할 수 있어야 스킬(기술)이다.
- Why? 라고 물었을 때 답이 없으면 외운다.(Why? 1번: 정보, 2번: 지식, 5번: 학문)

1. Why: 이 공부를 왜? 하는가?

2.열정과 Skill: 그들보다 열정이 있는가? 또한 기술은?

3. Skill(기술)은? (* 어쩌다 수석을 하면 수석은 지키는 것이다.)

① 좌측(시작쪽)이 가볍고, 우측(끝쪽)이 무거운 것 / 상쪽이 가벼운 것, 하쪽이 무거운 것
　[예] 기체⇢ 액체⇢ 고체 / [예] 하버드: 하인리히(좌초)⇢ 버드(최신) / 열전도율: 기소고대(법원)

② 비교는 좌우, 상하 / 분수는 모(기준)에 대한 자(비교)의 비로 / 원형은 시계방향 ↷

③ 숫자를 문자로(문자⇢숫자나 영어) 자연발화 방지: AQTm↓(표면적·발열량·온도·습도)
　[예] 열용량: 빙수80, 물수539(팔공산에 고3이 9명) / $\underline{C}O_2$ 프로판 비중= if44(이프44)

④ 이해+국어사전 순 [예] 연기: 백색⇢ 흑색,/ 무염⇢ 발염./ 수간화⇢ 수관화

⑤ 이해+영어사전 순 [예] LNG(가볍다)⇢ LPG(무겁다)/ LOAEL(최소농도)⇢ NOAEL(최대농도)

⑥ 영상기억(얼굴 등 형태기억) [예] 탈렌트 기억 소지섭~ / [예] 0.8~1.5m / [예] FO: 퍽! BD: 펑!
　[예] 전도(→⫴←), 대류(↺), 복사(⇢↓) / [예] R/O↝, F/O↷ / [예] ♨ ☠ ☎ 요오드113

⑦ 연상기억(비교기억)⇢ [예] 제거소화: 차단(격파 이소룡) / 소위, 대위 [예]↓ ⇊, ↑ ⇈ 22X28, 33X37
　[예] 소화(가산점연): 가연물⇢ 제거 / 산소⇢ 질식 / 점화원⇢ 냉각 / 연쇄반응⇢ 억제

⑧ 첫글자로 기억(보생바나거부): 보탠다, 생략, 바꾼다, 나눈다, 거꾸로, 부분적으로 변경한다.
　보 [예] 급수화재: 일류(학교)전근가주 / 생 [예] 석유류의 인화점: 21 → 70 → 200 → 250
　바 [예] 브질요300 ⇢ 진요브300(진료부산), 차보정 / 나 [예] ► 염전 부식, ► 황달십불
　거 [예] 기상폭발: <u>U</u>vce(증)·분<u>해</u>·분<u>진</u>·분<u>무</u>·가<u>스</u> / * 별도정리 [예] 화분폭판
　부 [예] 특재 지원: 행정, 재정, 금융, 의료⇢ 하자구요 / 징계: 파면, 해임, 강등, 정직⇢ 포항가자

⑨ 압축·연결법: 3밀집·상황·경보기, 4비(뽀비) / 수조: 고가⇢ 가압⇢ 압력(力)⇢ 펌프 ► 하버드

⑩ 좋아하면 알게되고 알면 보인다, 보이면..? / 즐길수 없으면 먼저 피하고, 피할 수 없으면 나중에 즐겨라!

☑ 조샘 1주간 학습일지(전투용)

요 일							
한 주의 목표							
계획							
06:30~07:00							
07:00~07:30							
07:30~08:00							
08:00~08:30							
08:30~09:00							
09:00~09:30							
09:30~10:00							
10:00~10:30							
10:30~11:00							
11:00~11:30							
11:30~12:00							
12:00~12:30							
12:30~01:00							
01:00~01:30							
01:30~02:00							
02:00~02:30							
02:30~03:00							
03:00~03:30							
03:30~04:00							
04:00~04:30							
04:30~05:00							
05:00~05:30							
05:30~06:00							
06:00~06:30							
06:30~07:00							
07:00~07:30							
07:30~08:00							
08:00~08:30							
08:30~09:00							
09:00~09:30							
09:30~10:00							
10:00~10:30							
10:30~11:00							
11:00~11:30							
11:30~12:00							
12:00~12:30							
12:30~01:00							
총 학습시간	시간						
목표달성률 %	%						
반복 복습(ox)							
메모 및 Diary(일기)							

✔ 매일 자신의 장·단점을 발견하고 기록된 대로 꾸준히 실천하되, 미루는 일은 (절대)^2 금하도록 한다.
✔ 공부는 단기 戰爭처럼 항상 빠르게 속공하며 늘어지는 학습은 장수생 가능으로 (절대)^3 금하도록 한다.

참고 수험생과 함께 만든 카톡학습

▶ 수험생으로부터 만들어져 다듬고 정리하여 단톡방에 공유했던 내용입니다.

■ 제1편 카톡 학습 (소방학의 기본개념)

개념이 잡히면 학습은 쉬워지고 안 풀리는 내용도 풀리게 된다.

◑ 화재 시 4대 연소생성물

① 연소가스: 가스는 우리말로 "기체" 로서 기체는 눈에 보이지 않으며 주로 독성이 있다.

② 불꽃(화염): 불이 꽃처럼 생긴 모양(♨)으로 연쇄반응이 없는 불씨(♒)하고 다르다.

③ 열: 열의 이동은 전도(→||←), 대류(↺), 복사(⇢ ↓)가 있다

④ 연기: 화재 시 시각적 영향(시계 장애), 생리적 영향(가스 중독), 심리적 영향(공포감)이 있다.

▶ **암기** : 연불열연, 가불열연(* 연불하며, 혹은 가불하여 열열히 연애하다)

공기 중 산소는 21%가 있다. 산소는 조연성 가스로서 연소는 산소가 있어야 가능하며 액체를 기준으로 산소가 15% 이하로 내려가면 불은 곧 꺼진다. 산소가 없는 상태를 우리는 "질식" 이라 한다. (* 용어: 조연성= 연소보조 / 지연성= 연소지원)

- 산소·불소·염소: 조연성 가스 (▶ **암기**: 산불염소) (* 조인성은 산에서 염소를 구워먹다가 불을 냈다.)
- 질소·아르곤: 불연성 가스 (▶ 질소가 들어있는 아르곤 아이스크림은 불연성 가스로 만들었다.)
- 수소·탄소: 가연성 가스 (▶ 수탄이는 가연이를 너무 좋아한다.)
- 불꽃염소: 불꽃이 있는 연소(유염·발염·자유·화염연소. / 표면화재)
- 불씨연소: 불꽃이 없고 불씨 연소(작열·무염·불빛·표면·응축상태 연소. 훈소 / 심부화재)
- 심부화재: 표면의 불꽃을 제거해도 심부(내부)에 불씨가 존재하는 화재 (예 종이.나무 등 A급화재)
- 표면화재: 표면에만 불꽃이 있는 연소(예 유류화재, 가스화재)

◑ 액체 및 기체 : 불꽃연소를 한다. / 고체: 불꽃연소를 할 수 있고 불씨연소도 할 수 있다. 또한 밀폐된 공간에서는 산소가 부족하면 불씨연소를 한다. 밀폐하고 진공은 다르다.

* 밀폐는 산소가 적게 존재한다. 불이 일어날 수 있다.(예 밀폐된 방.)

* 진공(완전 밀폐): 공기가 소진되어서 산소가 없으니 불이 붙지 않는다.

◑ 가연물은 대부분 탄소를 가지고 있다. 가연물이 연소하기 위해서는 물질이 화학(연쇄)반응을 일으켜 항상 기체상태로 존재하고, 그 가연성 기체가 공기(공기 중 산소)를 만나 연소한다.
(* 소방공학에서 공기 중 산소가 21v% 존재하니 공기와 산소를 동일 개념으로 사용.)(* 무게%는 23w%)
즉, 나무는 뜨거운 열을 만나 분해하면서 곧 가연성 기체를 생성하게 되고 그 가연성 기체가 연소가 되고, 타지 않는 불완전 연소된 가루는 연기가 되고 연기가 되지못한 고체 덩어리를 우리는 숯(목탄)이라고 한다.
(* 연기는 수분이 묻어있는 황사보다 1~1,000배 작은 고체 알갱이. 미립자 크기: 0.01~10미크론)

- 즉 휘발유는 뜨거운 열을 만나면 액체는 타지 않고 증기를 만들어 주며 점점 줄어들 뿐이다. 또한 휘발유 용기(통)의 액면이 아닌 그 액체 속에서 라이터를 켜면 불이 붙지 않는 이유는 그 액체 속에는 산소가 없으며, 증기를 생성시킬 수 없는 2가지 이유 때문이다.

그리고 불이 붙은 기체(증기)가 날아가지 않고 액면(액체의 면)에서 타는 이유는 '증기(유증기)는 공기보다 무겁기 때문이다.

- 수증기: 물이 539의 잠열과 보유하고 있는 현열의 온도차로 섭씨 100℃~110℃ 사이에서 기체로 존재 하는 물질(* 물은 정확히 100℃ 가 약간 초과된 온도에서 끓고 있다)
- 증기: 물이 증발된 수증기 외의 유증기 및 액화가스 증기 등의 총칭을 말한다

◑ 용어:

- 기체 비중: 지구상에 비교적 흔한 공기하고 비교한 중량
- 액체 및 고체 비중: 지구상에 비교적 흔한 물(가장 무거운 물 4℃ 하고 비교한 중량)
- 비열: 물하고 비교하여 어떤 물질 1g의 온도를 1℃ 올리는데 필요한 열량.(* 물의 비열: 1)
- 화재하중 : 지구상 가장 흔한 가연물인 나무하고 비교한 실내 모든 가연물의 양

- 물은 4도가 가장 무겁고(얼음 0℃는 4℃ 물 옆에서 10% 가 뜬다.)
- 맥주는 7℃에서 가장 맛있고, 아이스크림은 -13℃에서, 포도주(와인)는 +13℃에서 가장 맛이 있다

사람의 체온은 36.5℃의 +, - 1℃ 로서 포도주 잔 밑이 가느다란 이유는?
포도주를 먹을 때 밑으로 가는 부분을 손으로 잡아야 열전달이 적고 온도와 맛을 유지하는 이유이다. 호프집에서도 맥주잔을 손잡이 있는 잔을 사용하는 이유는 7℃를 유지시키기 위함이다.

- 중량(무게) : 지구의 중력으로 위치에 따라 변한다.(달나라는 중량이 지구하고 다르다)
- 질량: 위치에 따라 변하지 않는 전제 하에 가상적인 물질의 양.
  (보일 샬 법칙이 맞지않아 가상적인 이상기체 상태방정식과 같은 개념)

■ **제2편 카톡 학습** (제이디훈의 열학습 칼럼)

화재 시 뜨거우면 공기 밀도(빽빽함)가 감소되어 퍼지게 되고 가벼워져서 공기는 부력에 의해 천장쪽 상부로 올라가면 실내 하부압력보다 상부압력이 높아져, 곧 공기는 압력이 낮은 외부로 배출된다. (► **암기**: 뜨거우면 "밀감" 된다)

중성대는 어떤 실내와 실외의 압력이 같아지는 같은 압력의 동압지점인데 화재 시 신선한 바람이 실내 하부로 유입 시 화세가 강해지고 상부 압력이 높아져 중성대는 상부 고압으로 눌려서 내려오고 고무풍선이 있다면 그는 배기구로 빠져나갈 것이다. 일반적으로

- 배기: 위로 빠져 나감 ~~
- 급기: 하부로 유입됨 ~~
- 대류: 공기 등의 흐름 ~~

(* 배기는 실 안팎으로 역방향으로 이동한다고 한다.)

◑ 전도: 각각의 매질이 접촉되어 열이 전달된다. / 고체는 기체보다 열전달이 높다(► **암기**: 기소고대)
기체는 열전달이 작아서 열이 모이게 되어 연소가 쉽고 그러므로 기체는 인화점과 연소점이 동일하게 되지만 고체는 열전달이 커서 A, B 각각의 물체가 부딪치면 바로 전달된다.

- 관계 법칙: 프리에의 법칙(► **암기**: 전프리)

◑ 대류: 밀도 차이로 뜨거운 공기는 위로 올라가(촛불) 찬 공기를 밀어내는 매질의 흐름이나 주전자 밑에 찬물이 불에 데워져 위로 올라가 끓고 하는 흐름 또는 에어컨의 찬바람이 내려오는 흐름 등 (* 에어컨을 천장에 달면 더 빨리 시원한 이유가 이러한 흐름이다)
(* 매질: 공기, 물, 가스, 담배 연기 등) 그러므로 실내가 따뜻하고 물이 더워지고 연기감지기가 작동하는 것은 대류이다.(매질: 매개체 물질) • 관계 법칙: 뉴턴의 냉각법칙

◑ 복사: 매질없이 열이 전달된다 (노매질: 광파, 전파, 엑스레이 등)
그렇다면 진공에서는 공기(매질)가 없으니 열복사는 더 잘 이루어진다

- 관계 법칙: 스테판볼츠만의 법칙 - 열전달 면적에 비례하고 절대온도 4승에 비례한다.
(► **암기**: 열면비 절사비)

➲ 열용량 개념을 알아본다

H_2O의 고체를 우리는 얼음이라 하고 그 액체를 물이라 하고 그 기체를 수증기라 한다. 물을 기준으로 섭씨 0°C 는 얼음과 물이 공존하는 온도이고 섭씨 100°C는 물과 수증기가 공존하는 온도이다.

얼음에서 물이 될려면 1g이 80cal의 열량을 흡수해야 하며,
물에서 수증기가 될려면 1g이 539cal의 열을 흡수해야 한다.

이러한 물리적 상태변화의 열을 우리는 잠열(숨은열) 이라 하고, 물질이 온도를 보유하고 있는 열을 현열(감열)이라고 하는데 열용량은 결국 '잠열 + 현열의 온도차'인데 초기에 어떤 학자가 공식을 꽤 어렵게 만들어서 필자는 새로운 개념식으로 바꾸어 편집하였다.

◑ 용어:

- 물리: 얼음에서 물이 되듯이 어떤 물질이 성질이 변하지않고 상태(고체. 액체. 기체)가 변하는 것
- 화학: 나무가 숯이 되고, 종이가 재가 되듯이 성질이 변하는 이러한 현상은 화학적 변화이다.

(▶ **암기:** 얼음→ 물은 80cal/g 이고, 물→ 수증기는 539cal/g 가 된다.(* **연상:** 대구 80산에 고3이 9명!)

◑ 새공식(개념식)은 다음과 같다 [열용량= 잠열+현열의 온도차]

① 0°C 물 1g이 100°C수증기가 되려면?

물에서 수증기의 잠열값 539 + 현열의 온도차 값 100°C이니 정답은 639cal/g가 된다.

② 0°C의 얼음 1g이 100°C의 수증기가 되려면?

얼음→ 물→ 수증기의 잠열값 80 + 539+ 현열값 100°C이니 정답은 719cal/g 가 된다.

즉 1번식 정답에서 온도차는 같으니 얼음에서 물이 되는 잠열값 80cal 만 더해주면 정답이 된다.

③ 상온 20°C의 물 1g이 100°C의 수증기가 되려면?

물에서 수증기의 잠열값 539+ 현열값(100 - 20도= 80도) 이니 539+80= 619cal/1g 가 된다.

여기서 2g으로 문제가 나온적이 있는데 그렇다면 1g의 2배의 열을 필요로 하므로 계산된 1g 정답의 2배로 답을 선택하면 된다.

만일 이해가 안 된다면 이 중 중요한 문제 100°C 차이를 기준으로 1번 물수(물→ 수증기)639와 그 답에 얼음에서 → 물로 변하는 잠열 80cal/1g을 더한 2번의 얼쑤(얼음→ 수증기) 719를 외우고 온도차 계산만 해도 정답은 기다리고 있다

▶ **암기**: 물수 639세. 얼수 719세 (* **연상**: 김문수63세. 그의 형 김영수71세)

■ **제3편 카톡 학습** (제이디훈의 기체학습 칼럼)

원자란: H, C, N, O, P, S 등 분자를 만들 수 있는 물질로서 영단어 하나짜리 이고.
분자: CO(일산화탄소), CO_2(이산화탄소), H_2O(수증기) 등은 분자이며 영단어 두개 이상이다.

◑ 원자량

- H(수소, 하이드로겐): 1
- C(탄소, 카아본): 12
- N(질소, 니트로겐): 14
- O(산소, 옥시겐): 16
- P(인, 퍼스펄스): 31
- S(황, 서풀): 32

(► **암기**: 수소1, C12(시시비), 엔14(엔닐사), O16(516군사정변), P31(패스킨라빈31), S황32(황삼이)

◑ 분자량

- CO= 12+16 = 28
- CO_2= 28+16 = 44
- H_2O= 1+1+16 = 18

나무나 종이가 연소하면 H_2O와 CO_2외에 재가 남는 이유는. 나무나 종이에는 수소와 탄소 외에 질소나 황 등의 다른 여러 물질들이 포함되어 있어 불완전연소 후에 재가 남게 되는 것이다.
(* 반면 유류는 재가 남지 않는 이유는? 기체 시 탄소와 수소로만 이루어지기 때문이다)

나무 성분은 H, C, N, O, S, P 등의 여러 물질이 존재하며 이러한 물질이 분해되면서 생성된 가연성 기체가 타는데 여기서 CO(일산화탄소), HCN(시안화수소). 황화수소(H_2S). 암모니아(NH_3) 이들은 나무가 탈 때 생성되는 가연성 + 독성가스이다

- 통증이 없는 마취성 가스: CO. 이산화질소. 황화수소. 시안화수소 등
- 통증이 있는 자극성 가스: 아크로레인. 포스겐. 불화수소. 염화수소. 암모니아. 아황산가스 등

(*^^ 여기서 아황산가스는 이산화황의 기체로서 황이 함유된 털. 고무. 나무. 가죽소파. 석탄. 중질유 등이 탈 때 완전연소시 생성되는데 우리나라 6.25 사변 때 영국에서 일어난 12.000명이 사망한 '런던스모그 사건' 주범이다. 그래서 그 뒤 영국은 1956년에 '대기오염 청정법' 을 제정하였는대, 1988년 캐나다 몬트리올에서는 오존층(지구상 약 20~30Km)을 파괴하는 할론소화제 사용금지 조약인 세계협정서를 뒤늦게 갖게된다 그러나 한국은 92년 가입 후 개발도상국으로 2010년까지 생산하게 된다.)
(*^^ 오존층이 파괴되면 태양열인 자외선이 오존층에서 거르지 못해 생태계 파과로서. 식물 등. 인간(특히 어린아이. 여성)에게는 피부암이 발생될 것이고. 바다속 프랑크톤까지 감소되어 플랑크톤을 필요로 하는 어류가 점차적으로 줄어들게 된다.)

오존층지수(ODP) 시험은 CFC-11. 1Kg으로 시험하는데..
최근 지구온난화지수(GWP) 시험은 같은 물질로 시험하다가 이젠 CO_2 1kg으로 시험한다.
할론소화약제 대체품으로 개발된 청정소화액제가 13가지가 있는데 최근에 이 청정소화약제가 독성이 있어 '할로겐화합물 및 불활성기체 소화약제' 로 명칭이 퍽! 길게 변경되었다
그 이유는?

◑ 할로겐화합물 소화약제는

불소. 염소. 브롬(취소). 요드(옥소) 4가지 중에서 1가지 이상이 첨가되었다는 뜻이고

◑ 불활성기체 소화약제는 헬륨. 네온. 아르곤. 질소 4가지 중에서 역시 1가지 이상이 첨가되었다는 뜻이다. 여기서 '불활성기체 소화약제' 는 4가지가 있는데

- IG01는 아르곤이 주성분
- IG100은 질소가 주성분(*^^ 국어사전 순)
- IG55는 아르곤과 질소의 혼합 50%와 50% 주성분이라는 뜻이고
- 'IG 01' 과 'IG100' 은 (국어사전 순으로 아르곤 .질소의 1가지 주성분으로 암기하고)

  IG541은 질소가 52%. 아르곤이 40% CO_2가 8% 3가지가 첨가되어 있다는 뜻으로

  (► IG541 암기법은 아사공 질오이 시8이 된다)

'할로겐화합물 소화약제' 는 9가지가 있는데 그 중 '퍼블루오 부탄' 정도만 기억하도록 한다
최근에 사냥개에게 아드레날이라는 약을 투여하여 독성실험을 하는데(인간은 꽤 잔인하다!)

영어 알파벳 순으로~

- LOAEL: 농도를 감소시킬 때 심장에 악영향을 미칠수 있는 최소농도 (► **암기**: L감있소!)
- NOAEL: 농도를 증가시킬 때 심장에 악영향을 미치지 않는 최대농도 (► **암기**: N증없대!)

이 약제의 소화효과는

- 질식 + 냉각 + 억제지만 정확히는
- 불활성기체 소화효과는 질식 + 냉각 2가지이며
- 할로겐화합물 소화효과는 질식 + 냉각 + 억제(부촉매)의 3가지가 된다

참고로 가스는 LNG와 LPG가 대표적인데 LNG 영단어 알파벳이 먼저오니
가벼워서 뜨고 LPG는 늦게오니 무거워 바닥에 깔린다 그러나~

참 이유는 엘엔지는 메탄(CH_4=16)이 주성분인데 공기(무게 29)보다 2배 가볍고
엘피지는 프로판(44).부탄(58)이 주성분인데 공기보다 1.5~2배 무겁기 때문이다
(* 그러나 절대 조건은 아니다. 비가오면 엘엔지는 가라앉고 바람불면 엘피지는 뜬다)
라이터에는 부탄올(부탄 액체)이 들어있는데 나올때는 상온에서 원래대로 기체로 나오며 인화점인 하한값이 1.8%(연소범위1.8~84) 비중은 공기보다 2배 무겁다.

식당에 있는 프로판은 인화점이 2.1%(연소범위 2.1~9.5%)로서 부탄(라이터)이 프로판보다 불이 더 빨리 잘 붙고 엘피지(프로판 2,1 + 부탄1,8)가 엘엔지(메탄: 인화점 5%. 연소범위 5~15%)보다 불이 더 잘 붙어 엘엔지보다 엘피지는 항상 더 위험하다.

■ **제4편 카톡 학습** (제이디훈의 전기학습 칼럼)

정전기란 정지된 전기의 약자이다

BC 6세기 그리이스 탈레스가 "호박" 이라는 보석을 닦으며 문지르다가 이물질(먼지)이 붙는 것을 보고 발견했다. 정전기는 + - 양전하 음전하가 있고 압력이 높고 부도체 마찰로 전하(전기의 양)가 축적 후 방전될 때 발생하나 정전기는 고체는 발화가 힘들고 가연성 기체나 분진 등을 발화시킨다. 주유소에 가면 표지 30cm x 60cm로 황색 바탕 흑색글씨로 '주유 중 엔진정지' 라고 씌여있는데 이는 정전기 방지 차원이다.

자동차 가스충전소 1천 톤 이상 저장하는 곳에는 1급소방안전관리자가 근무하듯이 주유소는 4류 위험물을 취급하여 위험물안전관리자가 근무하는데 기름은 액체이지만 무극성으로 전기가 통하지 않는 부도체로서 기름을 넣을 때 그 입구의 마찰 즉. 부도체 마찰로 정전기가 발생하기 때문이다.

◑ 정전기 방지방법은

① 접지를 한다 ② 공기를 이온화 한다 ③ 상대 습도를 70% 이상으로 한다

여기서 접지는 지구하고 접한다는 뜻인데 지구가 전기를 가지고 있어 정전기나 수억V 낙뢰를 흡수시킬 수 있기 때문이다 그래서 영어로 지구도 Earth 이고 접지도 Earth 가 된다. 접지는 도체(전기가 통하는 전도체 준말)로서 땅(지구)으로 연결해야 하는데 도체는 금, 그 다음은 은이 최고이지만 동(구리)이 싸서 전선으로는 구리선이 많이 사용한다.

(*^^ 떠있는 액체인 구름사이에 전하가 발생하여 번개가 치고 그 번개가 지구로 떨어지면 낙뢰라고 하는데 이를 피하기위해 만든 것이 미국 벤저민 프랭클린 피뢰침이다. 벤저민 플랭클린은 현재 미화 100$ 지폐의 인물인데 최근 국내에서 새로운 쌍극자 피뢰침을 발명하였다. 위험물안전관리법에 지정수량 10배 이상에 피뢰침을 설치해야하는데 이제 플랭클린 피뢰침은 쌍극자 피뢰침 발명으로 사라질 시기이다.)

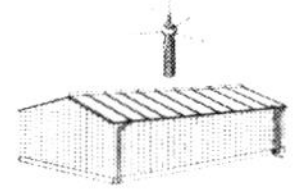

◑ 정전기 발생 원인 암기법에 '단과누락 정도전 아저지(씨)' 가 있는데

단락. 과전류. 누전. 낙뢰. 정전기. 유도열. 유전열. 아아크(전기불꽃, 전기스파크). 저항열. 지락이며(누전과 지락의 차이는 저용량과 고용량의 차이이다) 그 외 접속부과열. 열적경과. 절연탄화 가네하라현상. 트래킹 등이 있으며 어려운 용어 해설은 다음과 같다

- 접속부과열: 접촉불량으로 저항증가. 아산화동 증식을 말하며
- 가네하라현상: 경년 경과된 오랜 콘센트 등에서 절연열화 탄화되어 발열하는
  (▶ **암기**: 가네하라 콘센트)
- 트래킹: 누전 회로에서 절연물에 먼지. 습기 등으로 탄화전로가 생성되어 발열하는 현상 등이다

전기과학은 시초이다. 전기는 눈에 보이지 않는 기초과학의 학문으로 지금의 전자처럼 전기도 피뢰침도 없고 전봇대가 없는 유선이 아닌 무선으로 우리 가정에 전기가 올 수 있는 날을 기대해본다.

■ 제5편 카톡 학습 (예외사항으로 공부하는 소방공학)

현대과학은 아직도 완성 단계가 아니며 지속적으로 연구를 거듭한다.

- 전자는 셀룰러폰 시대로 인해 무선으로 발달을 거듭하지만,
- 전기는 아직도 무선이 아닌 유선이며 퍽! 이나 원시적이다.
- 의학도 마찬가지로 메르스, 사스, 암, 희귀병 등의 치료제가 완성되지 않았으며 또 다른 희귀병 연구를 위해 인간은 끊임없이 노력을 거듭한다.
- 화재 시 제3류 위험물과 제5류 위험물의 불끄는 소화제가 아직은 지구상에 개발되지 못해서 초기화재라면~ 3류는(불연성이 더 많지만) 가연성 중에는 금수성이 많아 탄산염류로.
  5류는 모두 금수성이 아니어서 물로 소화가 가능하며 소화가 되지못하고 화재가 확대된 본격화재시는 주변연소를 방지하고 내버려 둘수밖에 없게 된다.
- 우리가 배우는 유체역학에서도 물 속에서 공기방울이 생기는 공동현상은 기포없는 펌프(p)가 제대로 완성·제작된다면(동일 효율에 위치·온도·속도가 낮게) 그에 따른 이론은 이제 우리들 책에서 영원히 빠지게 된다.

◑ 소방공학도 마찬가지이다.

① 연기는 황사(고체가루 10 미크론)보다 약 1배~1000배 정도 작은 불완전 연소된(수분이 약간 묻어있는) 고체 가루인데 우리는 기체로 알고 있었으며

② 가습기에서의 김은 액체인데 수증기(기체)로 착각하며, 또한 구름도 액체인데, 기체로 착각하며 우리는 생활과학 속에서 살아왔다.

③ 눈에 보이면 고체 및 액체이다. 그래서 김, 안개, 구름 등은 액체이고, 분무연소도 액체 연소가 된다, 그럼 백화점 등(A급 화재)에 비치된 할론1211 소화기는 분무분사이니 곧 액체로 방사가 된다는 뜻이다.

④ 결국 눈에 보이지 않는 것이 기체이다 공기, 수증기, 산소, 질소 등을 말한다.(예외: 염소·불소는 기체지만 색상이 있다.) 더 쉽게 말해서 눈에 안 보이면 기체. 보이면 고체. 액체라 정의한다 또한 소방에서 액체.고체는 3cm 를 90초 이내 흘러가면 액체이고 이 기준을 못미치면 고체라 한다. 그럼 '수은' 은 액체 금속이 되며 물엿 형태인 제3류 위험물인 '알킬알루미늄' 금속 물질도 주로 묽은형태이니(고체 〈 액체가 더 많음) 액체 금속이 되며 이는 위험해서 운송 시 위험물안전관리법에서 법적으로 '운송감독 지원' 을 받아야 한다. (* 유조차인 이동탱크저장소에는 위험물안전관리자의 탑승 근무가 법적으로 제외되기 때문이기도 하다)

⑤ 비열은 어떤 물질 1g 을 1°C 올리는데 필요한 열량이다 또한 물을 비교해서 물 1g 을 1°C 올리는 열량을 우리는 1cal 라고 한다 (참고: 얼음 0.5. 수증기 0,44이며. 공기, 할론1301, 이산화탄소는 물보다 약 5배 작은 0.2cal 이다.) 물이 일반적으로 제일 빨리 끓어서 물을 기준으로 물의 비열이 1이지만 수소(3.41). 헬륨(1.25) 비열은 역시 예외로 물보다 더 크다.

⑥ 할론약제는 모두 독성이 있다고 하지만 공기보다 약 5배나 무거운 즉 비중이 5.14로서 소화효과가 제일이면서 오존층을 파괴하는 파괴지수가 제일 큰 소화약제인 '할론1301' 은 원래 독성은 없다. (* 할론1301은 방사시 열과 만나 독성이 조금 생기니 본디 독성이 있는것처럼 우린 이를 오해하고 있다 그래서 이는 지하층, 무창층, 밀폐된 거실로서 20제곱미터 미만에도 사용된다.)

⑦ 제4류 위험물 특수인화물인 (디에틸)에테르가 -40℃ 에서 불이 붙지만, 이소프렌은 -54℃ 이다. (▶ **암기**: 이소룡 친구 54세, 그의 연인 에테르는 반대로 40세)

⑧ 제4류 위험물의 (유)증기는 공기(29)보다 무겁지만 예외로 1석유류인 시안화수소는 가볍다.(HCN, 27. 기체를 청산가스라 함) (* 청산가스는 질소성분 합성수지. 동물의 털. 나이론. 섬유. 종이. 나무.고무 등이 탈때 헤모그로빈과 결합없이도 사람을 사망케 한다)

⑨ 물 + 탄화칼슘 등으로 생성되는 아세틸렌 연소범위 2.5%~81% 를 우린 연소범위 물질의 최대로 알고 있지만 '실란' 이라는 물질(SiH_4)은 1.4%~96% 이다

⑩ 폭발도 밀폐계에서 그에 따른 압력으로 폭발하지만 Lng. Lpg 액화부탄. 벤젠. 헥산 등의 액체가 대기로 흩어지는 부유가 원인이 된 증기운폭발(UVCE)은 개방계에서 점화스파크나 고온표면 등으로 화학적 기상(공중) 폭발을 한다.

(* 참고: 폭연은 음속보다 느린. 전도. 대류. 복사의 연소열의 전달에너지로서 충격파가 없고. 난류확산에 영향을 가지고. 온도 압력이 폭굉(1,000~3,500/sec)처럼 불연속적이지 않고 '연속적' 이어서 폭발이라 할 수도 없고(0.1~10m/sec) 연소라고 할수도 없는 중성인 이론이다. 즉 연소에서 ~ 폭발까지 과정은 착화→ 연소파(화염전파)→ 압축파→ 충격파→ 폭굉파 순인데 이 녀석은 화염의 전파속도와 같으니 연소파로 분류되나 아마도 곧 압축파 정도로 변화할 수 있는 단계이다.)

⑪ 백드래프트(B/D)는 주로 말기에 공기(산소) 유입이 원인이 되어 CO 폭발(12.5%~75%)로 일어나지만 예외적으로 중기에서도 모이면 폭발을 한다. 가연성 대표 주자인 수소(4%~75%)도 핵실 밀폐 내에서 모이면 4% 하한계만 넘어서면 이는 하한계(인화점)이 낮으니 중기 혹은 초기에도 폭발은 얼마든지 가능하다.

⑫ 가연성 가스의 용어는 '고압가스안전관리법' 에서 정하듯이
L(하한계) 10% 이하의 것과 U(상한계)와 L(하한계)의 차이가 20% 이상으로 알고있지만 냉동시설의 온도 낮추는 매개체인 냉매로 출제되었던 암모니아는 예외적으로 15%~28%이다.
(* 참고: 이법에서 독성가스 허용농도는 5,000ppm 이하로 정하고 있다 그럼 우리가 무독성 가스로 알고있는 이산화탄소 허용농도는 5,000ppm 이니 법적으로는 약간의 독이 있는 독성가스로 학습하여야 한다. 이는 화학명을 이산화탄소. 화학식은 CO2. 기체를 탄산가스. 액체를 액화탄산가스. 고체를 드라이 아이스라 하며 물에 넣으면 탄산. 음료수에 들어가면 탄산음료 또는 청량음료라고도 한다.)

⑬ 마지막으로 할론·포·분말소화약제 그리고 스프링클러 종류도 우린 학습상 5개 정도를 배우고 있지만 사실은 그 종류가 훨씬 더 있다. 우린 시험에 나오는 정도만 공부하고 있어서이다
"소방공학은 위 내용처럼 항상 예외사항이 존재한다." 소방공학은 끝이 없다!

그 이유는 "현대 과학이 아직 여기까지 이기 때문이다" 라고 말할 수 있다.

■ 제6편 카톡 학습

플라즈마란? (* 중요도 없음)

초고온에서 전자(−)와 이온(+)으로 분리된 상태를 말한다.
기체상태를 뛰어넘어 전자, 중성입자, 이온 등 입자들로 나누어진 상태라 할 수 있다.
이때 전하 분리도가 상당히 높으면서도 전체적으로 음과 양의 전하 수가 같아서 중성을 띠게 된다.

일반적으로 물질의 상태는 고체·액체·기체의 3가지로 나눠진다.
플라즈마는 고체·액체·기체로 정립되지 않는 흔히 '제4의 물질 상태'라고 부른다.
고체에 에너지를 가하면 액체·기체로 되고, 다시 이 기체 상태에 높은 에너지를 가하면 수만℃에서 기체는 전자와 원자핵으로 분리되어 플라즈마 상태가 되기 때문이다.

플라즈마를 만들려면 흔히 직류·초고주파·전자빔 등 전기적 방법을 가해 플라즈마를 생성한 다음, 자기장 등을 사용해 이런 상태를 유지하도록 해야 한다.
일상생활에서 플라즈마를 이용하려면 이처럼 인공적으로 만들어야 하지만, 우주 전체를 보면 플라즈마가 가장 흔한 상태라고 할 수 있다.
우주 전체의 99%가 플라즈마 상태라고 추정된다. 일상 생활에서 볼 수 있는 인공적인 플라즈마 상태로는 형광등, 수은등, 네온사인, PDP(plasma display panel) 등이 있다.

빛과 열을 발사하는 물체 또는 그 현상 즉, 연소하면서 산소와 화합된 불도 플라즈마라 할 수 있다. 인류의 생활에서 주요한 수단이 되어 왔다. 구석기시대의 석기(石器)의 사용과 함께 불의 사용은 원시시대의 인류를 다른 영장류로부터 구별되게 하였다.

인류는 불이라는 강대한 에너지를 얻게 됨으로써 온난함과 조명(照明)을 취득하였고,
음식물을 조리하고 도구를 만들어냈으며
금속에 대한 지식도 가질 수 있게 되었다.
또한 불의 덕택으로 자연을 지배하기 시작하면서
오늘에 이르기까지의 문명사회를 구축할 수가 있었다.
그렇다면 타는 불에서 일어나는 붉은 빛을 띤 기운.
그 불꽃(화염)은 어떤 상태라고 할 수 있을까?
현대과학은 여기까지이다!

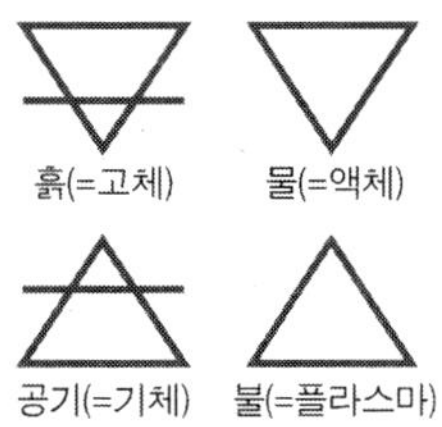

■ 제7편 위험물 카톡 학습 - 제 1류 위험물 (산화성 고체)

◑ 품명 및 지정수량(kg)

① 염소산염류, 아염소산염류, 과염소산염류, 무기과산화물 - 50kg ▶ 암기: "염소50" (* 1등급)

② 질산염류, 요오드산염류, 브롬산염류 - 300kg ▶ 암기: "질요브산" (* 2등급)

③ 과망간산염류, 중크롬산염류 - 1,000kg ▶ 암기: "1과중천" (* 3등급)

※상기 지정품목 외 ① 과요오드산 ② 염소화이소시아눌산 ③ 크롬, 납 또는 요오드산화물 ④ 아질산염류 ⑤ 차아염소산염류 ⑥ 염소화이소시아눌산 ⑦ 퍼옥소이황산염류 ⑧ 퍼옥소붕산염류까지 8가지가 있다. (* 제1류 위험물은 모두 "산" 자가 들어 있다.)

◑ 일반적 성질

【산화성표시】

① 무기화합물이고 물질 내 산소를 함유하고 있다.

② 대부분 수용성이고, 수용액 상태에서도 산화제이다.

③ 자신은 불연성이지만 분해 시 산소를 방출하여 주위의 다른 가연물의 연소를 돕는다.

④ 과열·충격·마찰로 쉽게 분해하고 주변 가연물이 혼합하고 있을 때는 연소·폭발할 수 있다.

⑤ 대부분 무색 결정이거나 백색 분말이고 독성이 없고 물보다 무겁다.(즉 비중이 1보다 크다).

◑ 위험성

① 과열·충격·마찰로 쉽게 분해되므로 "화기·충격·접촉주의" 를 한다.

② 알칼리금속의 과산화물 등은 물(수분)과 접촉 시 산소를 발생하고 발열하기 때문에 금수성이다.

◑ 예방대책

① 운반 시 다른 류별 위험물과 혼재 불가(단, 제6류 위험물은 혼재가능 그러나 혼촉불가)

② 용기를 밀전 해서 조해성 물질(예 질산염류 중 질산나트륨)을 방습한다.

③ 법규: 수납하는 위험물 - "화기·충격주의", "가연물 접촉주의"(3가지) / 알칼리금속의 과산화물은 "화기·충격주의", "가연물접촉주의" 및 "물기엄금"(4가지)

◑ 소화대책

① 과열 등에 의하여 산소를 발생한다. 그를 억제하여 열을 흡수하는 주수 냉각소화

② 무기과산화물 중 알칼리금속의 과산화물 ⇨ 산소를 차단하는 질식 및 피복소화

■ **제8편 위험물 카톡 학습** - 제2류 위험물(가연성 고체) 핵심

◑ 품명 및 지정수량(kg)

① 황화린, 유황, 적린 100kg ▶ **암기**: "황유적백"

② 마그네슘, 금속분, 철분 500kg ▶ **암기**: "마금철오"

③ 인화성 고체 1,000kg ▶ **암기**: "2류 인천"

◑ 위험물 등급

100kg: 2등급 / 50kg, 1,000kg: 3등급(* 1등급 없음)

◑ 일반적 성질

① 산소를 갖지 않고 가연성이기 때문에 환원성 물질(환원제)이다.

② 연소 속도가 제법 빠른 속연성(이연성)물질이다.

③ 자체가 독성이 있거나 연소 시 유독가스를 발생(위험물로서)

④ 적린, 황린(제3류 위험물)등은 동소체로서 연소 시 오산화인(P_2O_5)을 발생한다.

⑤ 모두 비수용성. 물보다 무겁다(1류가 주로 수용성이라면, 2류는 반대로 금속분 등이 있어 비수용성.)

◑ 특징

① 황+인그룹(유황. 적린. 황화린). 제3류의 황린+제 3종분말 소화약제는 연소시 CO_2를 발생하지 않는다

② 제1류 위험물과 제2류위험물의 비교- • 1류: 산소(o). 수소(x). 수용성 / • 2류: 산소(x), 수소(o). 비수용성

◑ 예방대책

① 산화제(제1류, 제6류)와의 혼합·혼촉을 피하며 통풍이 잘되는 냉암소에 보관한다.

② 법의 규정: 수납하는(실내에..) 위험물은 철분·금속분·마그네슘은 "화기주의" 및 "물기엄금"을, 인화성 고체에 있어서는 "화기엄금", 그 밖의 것에 있어서는 "화기주의"

◑ 소화대책

① 마그네슘, 금속분, 철분의 쇳가루는 수소가스 발생으로 화기주의 및 물기엄금이며 모래 등으로 질식소화 한다

② 황화린(+ 물 = 황화수소). 유황(+ 물 = 아황산가스)은 질식소화하며, 물로 사용할 수 있으나 방독마스크를 사용.

③ 가스 소화약제(이산화탄소. 할론. 할로겐화합물 및 불활성기체)는 전기는 통하지 않아 전기실이나 통신실에는 효과가 있으나 위험물에 효과가 없다.(* 단 2류위험물 인화성고체 및 4류위험물 인화성액체에는 적응된다 → 이유는 불이 빨리 붙는 인화성이기 때문에..)

■ 제9편 위험물 카톡 학습 - 제 3류 위험물 (자연발화성 물질 및 금수성 물질) 핵심

◑ 품명 및 지정수량 [kg]

① 칼륨, 나트륨, 알킬알루미늄, 알킬리튬 -10kg ▶ **암기**: 칼나킬십 (* 칼나와 알킬형제)

② 황린 - 20kg: ▶ **암기**: 황린이십

③ 알칼리금속, 알칼리토금속, 유기금속화합물 - 50kg ▶ **암기**: 칼칼유오(* 알칼형제와 유기금속)

④ 금속의 수소화물, 금속의 인화물, '칼슘 또는 알루미늄의 탄화물' -300kg ▶ **암기**: 금칼탄삼

- 지정품목 외 : 염소화규소화합물(염화규소)이 있다.

◑ 위험물 등급

10kg, 20kg: 1등급 / 50kg: 2등급 / 300kg: 3등급

◑ 일반적 성질

① 주로 고체 분말, 주로 무기물(불연성)로 구성

② 모두 물보다 무겁다 (단, 칼나킬킬 10kg짜리는 제외)

③ 대부분 물과 반응할 때 가연성(주로 수소)가스 발생 ☜

④ 주로 물과 접촉하면 위험한 반응을 초래하는 고체 및 액체 물질이다.

◑ 취급, 저장 및 소화

① 황린은 습한 공기 중 30°C, 미분은 34°C, 고체는 50~60°C에서 자연 발화함.

② 금수성으로서 용기는 완전히 밀봉 하고 공기나 물과 접촉금지 요망

③ 황린은 물속 저장함 ▶ **암기**: 이황물속(제4류인 이황화탄소와 3류 황린) (* **연상:** 퇴계 이황 물속 잠수)

④ 칼륨, 나트륨, 알칼리토금속은 기름속에 저장 ▶ **암기**: 칼라유속

⑤ 알킬알루미늄, 알킬리튬은 물이나 공기 중에서 자연발화하고 운송 시 운송감독지원을 받으며 이들은 헥산, 벤젠 등에 희석해서 보관한다. ▶ **암기**: 알킬헥산

⑥ 포 및 가스계 소화약제(CO_2, 할론, 할로겐화합물 및 불활성기체 소화약제는 효과 없음)
아직까지 지구상에 소화제 없음. 제3류 위험물은 초기화재에 '탄산수소염류' 로 소화하고 화재 확대 시 주변 연소 방지하고 피하도록 한다.

◑ 기타 제반사항

① 제 3류 위험물의 구분은 제3류만 '자연발화성 및 금수성' 이 아니고 주로 3류에 모여있다는 구분이다.(*^^ 3류는 혼동하지않게 기억한다면 4형제가 모여있다, 알킬, 알칼, 칼칼, 금금형제)

② 지정품목 외 물질은 '염소와 규소화합물' 이 있다

③ 제3류의 특징은 10kg짜리 '알킬' 형제와 50kg짜리 '알칼' 형제가 있지만 알킬형제가 더 중요하다

④ 법의 규정: 수납하는 위험물에 있어서 자연발화성물질은 "화기엄금" 및 "공기접촉엄금"이며, 금수성물질에 있어서는 "물기엄금" 이다.

■ 제10편 위험물 카톡 학습 - 제4류 위험물(제4류 위험물(인화성 액체)

◑ 품명 및 지정수량

① 특수 인화물 - 이황화탄소, 디에틸에테르 50L(1/4드럼)

② 제1석유류 - 아세톤, 휘발유: 비수용성 200L(1드럼) / 수용성 400L(비수용성의 2배) (* 아세톤: 수용성)

③ 알코올류(함유량 60% 이상 예 메탄올, 에탄올, 프로판올 등은 수용성으로 400L)

④ 제 2석유류(등유, 경유), 비수용성 - 1,000L (5드럼) / 수용성- 2,000L

⑤ 제3석유류(중유, 클레오소트유), 비수용성 -2,000L(10드럼) / 수용성 -4,000L

⑥ 제4석유류(기어유, 실린더유) - 6,000L(30드럼) 모두 비수용성

⑦ 동식물유류 10,000L(50드럼)

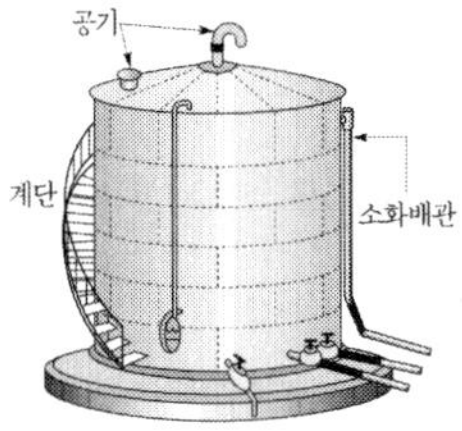

◑ 일반적 성질

① 주로 물보다 가볍다(* 3.4석유류 제외)

② 주로 비수용성이다

③ 전기가 통하지 않는 부도체이다

④ 증기 비중은 공기보다 무겁다(즉. 연소 시 증기는 유류 액면에서 공기 중으로 날아가지 않고 탄다)

► 물가비 전부 증기무

◑ 예방대책

① 누출방지: 일반적으로 밀폐용기의 이용 배관의 이용 바위 속 시원한 냉암소에 저장 등

② 주위에 폭발 혼합기 형성 방지(환기철저), 정전기나 스파크 주의

③ 이황화탄소(CS_2)는 황린처럼 용기와 함께 물속(수조)에 저장한다.

④ 특수인화물 중에서 아세트알데히드, 산화프로필렌은 동(구리)·은·마그네슘·수은을 피하며 알루미늄이나 철의 용기에 저장한다. ► 동은마수

⑤ 법의 규정: 모두 "화기엄금" 이다.

◑ 소화대책

① 유류화재는 기름이 주로 물보다 가벼워서 불이 붙어 있는 상태에서 물에 떠서 흘러가며 화재 확대 우려로 포(거품)에 의한 질식 소화가 좋다 ► **암기**: 포유류

② 물과 혼합되는 수용성 위험물은 알코올포로 질식소화하거나 다량의 물로 희석한다

- ㉠ 초기·소규모 화재: 포·물분무·분말·CO_2·할론·할로겐화합물 및 불활성기체 소화약제 등
- ㉡ 대규모 유류화재: 주로 포에 의한 질식소화.
- ㉢ 수용성 유류화재: 알코올포에 의한 질식소화, 다량의 물로 희석소화
- ㉣ 물보다 무거운 비수용성 화재: 포나 분무상의 물로서 유면을 덮는 유화소화.

■ **제11편 위험물 카톡 학습** - 제5류 위험물(자기반응성 물질) 핵심

◑ 품명 및 지정수량

고체 및 액체로서 끝자가 '물 '자가 5개이며 첫 자가 '히' 자가 3개 + 질산에스테르류까지 9가지 분류이다.

① 유기과산화물, 질산에스테르류 - 10kg(1등급)

▶ **암기**: 유지에 시키(★ 유지혜 시끼) (시끼- 10kg)

② 히드록실아민. 히드록실아민염류 - 100kg(2등급)

▶ **암기**: 히드록실백(★ 히드록 실패)

③ 히드라진유도체, 니트로화합물 , 니트로소화합물, 아조화합물 , 디아조화합물 - 200kg(2등급)

▶ **암기**: 히드니 아조이백 (★ 희진이 아저씨 is back)

- 지정품목 외 2가지: 금속의 아지화합물 및 질산구아니딘 이 있다

◑ 일반성질

① 물질 내 산소를 함유해서 충격 등으로 연소 폭발 가능하다

② 물질 내 산소 포함으로 질식소화는 불가능하다

③ 지구상에 아직 소화제가 없다

④ 대부분 물에 잘 녹지않고 모두 물과 반응하지않기 때문에 초기화재에는 물로 냉각소화한다

◑ 예방대책

① 소분(작게 나눔)하여 저장한다

② 과열 충격 등으로 물질 내부에서 산소를 배출 - 셀프연소(자기연소,내부연소)를 한다

③ 법의 규정: 화기엄금 및 충격주의!

④ 수납하는 위험물은 "화기엄금" 및 "충격주의" / 위험물게시판: "화기엄금"

◑ 소화대책

- 초기에만 다량의 물로 냉각소화, 본격화재시 주변연소를 방지하고 폭발우려로 화재현장을 피하도록 한다.

■ 제12편 위험물 카톡 학습 - 제6류 위험물 (산화성 액체)

◑ 품명 및 지정 수량(kg)

① 과염소산 ② 과산화수소(농도 36% 이상) ③ 질산(비중이 1.49 이상)

- 지정수량: 모두 300Kg ▸ **암기**: 두개의 산 사이에 과산화수소가 있음. 그 소한마리가 300Kg
- 지정품목 외 : 할로겐간화합물

【독성】【부식성】【유해성】

◑ 일반적 성질

① 불연성 물질로 접촉 시 산소 방출해 다른 물질을 돕는 조연성

② 산소 함유한 무기화합물로 비중이 1보다 큼(물보다 무겁다)

③ 증기는 유독하며 피부 접촉 시 점막 부식시킴- (* 그래서 모두 위험물 1등급임)

④ 모두 물에 반응(과산화수소제외)

⑤ 과산화수소는 히드라진과 접촉 시 폭발할 수 있다

◑ 예방 대책

① 직사광선 차단, 강환원제 or 유기물질(가연성 위험물) 접촉을 피한다.

② 제1류 위험물과 접촉금지(접촉 시 더 많은 산소 방출)

③ 법의 규정(법규): 수납하는 위험물은 "가연물접촉주의"

◑ 소화 대책

① 원칙: 주수금지 , 초기화재 시 상황에 따라 다량의 물로 세척.

② 과산화수소는 화재 시 다량의 물로 씻어낼 수 있다.

↳ 물, 에테르, 알코올에는 녹고, 벤젠, 에테르, 석유에는 녹지 않는다.

③ 과염소산, 질산은 상황에 따라 분무상의 물을 다량으로 사용한다.

◑ 과산화수소(* 제6류 위험물은 과산화수소쪽이 시험에 잘 나온다.)

① 과산화수소(H_2O_2)는 점성이 있고 다량의 경우 청색이며 강산화제이지만 환원제로도 작용한다.

↳ (* 단, 알칼리성으로 알칼리성에 분해가 쉽고 산성은 어렵다)

② 과산화수소는 히드라진, 니트로글리세린, 암모니아와 접촉하면 폭발 가능.(갈색병에 보관.)

60%↑ 충격으로 단독 폭발 가능(* 90%↑ 유도탄 발사, 로켓연료, 잠수함 엔진작동에 쓰임)

③ 과산화수소는 밀봉(밀전)시 상온에서 서서히 분해하면 자체 발생된 산소압력으로 폭발위험이 있어 용기는 구멍이 뚫린 마개나 가스를 빠지게 한다.(* 금속용기 금지, 화상주의!)

➲ 1류와 6류의 공통점: 산소함유, 불연성, 서로 혼재가능, 수용성, 비중이 1보다 크다. ▸ 산불혼수비크

■ 제13편 위험물 카톡 학습 - 제1류~6류 위험물

◑ 물에 반응하는 금수성 위험물과 물에 반응하지 않는 제5류 위험물

① 제1류 위험물: 무기과산화물 중 알칼리금속의 과산화물은 산소발생으로 물기엄금.
② 제2류 위험물: 철분, 금속분, 마그네슘은 가연성 수소가스를 발생시키므로 물기엄금.
③ 제3류 위험물: 황린을 제외한 위험물은 가연성 수소가스 등을 발생시키므로 물기엄금.
④ 제4류 위험물: 대부분 물보다 가벼워 화재시 물위로 떠서 연소면 확대 우려로 주수금지.
⑤ 제5류 위험물: 모두 물에 반응하지 않고 적당한 소화제가 개발되지 않아 물로 소화를 한다.
⑥ 제6류 위험물: 과산화수소를 제외한 과염소산과 질산은 물과 접촉 시 발열반응으로 주수금지.

- 독성이 없는 위험물(1·5류)과 / 일부 독성이 있는 위험물(2·3·4·6류)도 참고한다.
- 제3·5류 위험물: 고체 및 액체로 이루어졌으며, 본격 화재 시 적당한 소화제가 없다.

※ 1류 ~ 6류 특성은 주로 물보다 무겁고(* 3·4류 일부제외) / 주로 비수용성 (* 1·6류 제외)이다

◑ 위험물의 위험도 개념 및 성상

- 위험도 순: 3·5류 위험물 〉 4류 위험물 〉 2류 위험물 〉 1·6류 위험물 순
- 위험물의 유별은 → 품목별 성질, 예방·소화의 공통성으로 분류하고 있으며,
- 위험물의 성상은 ① 화재위험성: 화재 위험이 매우 크다. / ② 확대위험성: 연소속도가 빠르고 화재 발생시 확대 위험성이 크다. / ③ 소화곤란성: 화재 시 소화가 곤란하다.
  - ▶ **암기**: 화확소화

◑ 위험물의 분류에 있어서..

- 가연성과 인화성의 차이점: 가연성은 연소가 가능한 성질로 제1류·6류 위험물의 불연성과 대립되는 개념이다. 그러나 인화성과 가연성과 비교하면 인화성은 연소가 더 빠르다는 성질이다.
- 제1류·6류 위험물은 산소를 함유하는 불연성이며 과열·충격·마찰로 산소를 발생하여 남의 연소를 돕는 산화·불연성의 개념이다. / 그러나 제5류 위험물은 산소를 함유하나 폭발성으로 공기 중 산소가 부족하더라도 자체 산소를 가지고 자기반응 연소를 하는 산화·폭발성의 개념이다.

◪ 위험물의 개념(3·5류: 고체+액체)

구 분	1류	2류	3류	4류	5류	6류
① 유독성		O	O			O
② 가연성		O	자연발화성	O	O	
③ 물반응성	알칼리금속~	마·금·철	O			O

※ ①번 4류 특인물 일부 독성(o) / ③번 3류: 황린 제외 / ③번 6류 과산화수소: 물로 소화

■ 제14편 - 소방공학 총정리 학습

xx 출장길에서 수정해서 만듭니다. 여기서 소방공무원 셤 몇 개 나오면 꼭 합격!

- 제이디훈의 연소산책

◑ 용어

- 인화점: 점화원(점화에너지, 인화물질, 불씨)으로 불 붙을 수 있는 최저온도 즉, 연소(폭발)범위 하한계(L/L)에 도달하는 온도이다 '유도발화점' 이라고도 한다
- 연소점: 점화원을 제거해도 계속적으로 연소상황을 가지는 최저온도
  (• 인화점+10℃, 인화점 후 5~10초)
- 발화점: 외부의 점화원없이 스스로 불이 붙을수 있는 최저온도. 자연발화점(착화점이라 함)
- 불연성 물질: 질소, CO_2, 산화알루미늄, 오산화인, 삼산화크롬, 주기율표의 8족(18족, 0족)
- 가연물: 인화점, 착화점, 점성, 비중, 융점, 열전도도(열전도율), 활성화에너지 적을수록 위험하다(소위) (• 주의! 그러나 화학적 활성도는 클수록 위험)
- 조연(지연)성 가스: 산소, 불소, (산화질소,) 이산화질소, 오존, 염소 ▶ **암기:** 산불(산)이 오염
  (• 예외: 상온 상압에서 산화질소, 이산화질소도 조연성에 포함됨)
- 표면화재는 불꽃연소, 기름, 가스 등 표면에 불꽃 있음) / 불꽃연소: 자유연소, 유염연소, 발염연소, 화염연소와 같은 개념
- 표면연소는 불씨연소, 불꽃(X) (숯, 코크스, 금속분) = 심부화재. / 불씨연소: 작열연소, 무염연소, 응축상태연소, 불빛연소, 훈소와 같은 개념으로 학습하세요

◑ 기체연소

- 확산연소-일반적인 연소 / • 예혼합연소-산소혼합기 형성(* 역화 등 다양한 반응 연소임)
- 폭발연소-폭발적으로 타는 비정상연소(• 폭연정도로 생각!)

◑ 액체 연소- 사(4)가지

- 증발연소: 휘발유, 등유, 경유, 알코올 등 물보다 가벼운 것 등
- 분해연소: 중유(벙커C유), 글리세린 등 물보다 무거운 것 등
- 분무연소: 무상으로 입자를 뿜음, 석유난로(석유스토브) 등
- 등심연소(심지연소): 호롱불 등

◑ 고체연소(고/분자증표): 4가지

- 표면연소: 숯, 코크스, 금속가루 (▶ **암기:** 포스코 금속)
- 분해연소: 종이, 석탄, 목재, 플라스틱, 고무, 섬유 등
  (▶ **암기:** 종석목플고섬 - 종석이 노래방 가서 목 풀고서 분해됨~)

- 자기연소: 제5류 위험물 등 산소함유물질 (► **암기**: 니셀리 3틸렌)
- 증발연소: 파라핀, 나프탈린, 유황, 요오드, 고체알코올, 왁스, 장뇌 등
(► **암기**: 파나유 요거 왕창!)

◑ 화학적 점화원: 연소열, 분해열, 자연발화 등

\# **자연발화** ► **암기:** 분산미흡중

- 분해열: 제5류 위험물(니셀리 등), 아세틸렌, 산화에틸렌, 에틸렌 ► **암기:** 니셀리 3틸렌
- 산화열: 석탄, 기름종류 / 황린, 금속분, 원면(면, 코튼), 고무가루 ► **암기:** 산석기 황금원고
- 미생물열: 퇴비, 곡물, 발효열
- 흡착열: 숯(목탄), 활성탄.(• 주의: 탄탄탄 3탄 중에 석탄은 산화열!)
- 중합열: 염화비닐, 시안화수소, 산화에틸렌(► **암기:** 염씨사내)
- 자연발화조건: 열전도율을 작게(열축적 용이), 발열량 크게, 또한 적당한 수분이 있어야 함 즉 후텁지근(발열량과 습기는 있고 공기 유통은 잘 안 되어야 함)
- 자연발화 방지법: AQTm • A(비표면적) 낮게 / • Q(발열량) 낮게 / • T(온도) 낮게 / • M(습도) 낮게. (► **암기:** AQTm = 아이큐 티미)

◑ 최고 산소농도(MOC) = 산소몰수 x 연소하한계임 (예)프로판: 2.1 × 9.5 = 10.5%임)
즉, 프로판은 공기 중 산소가 21%가 아닌 최소 10.5%에서 연소가 가능하다는 뜻(아하!)

◑ 연소의 4대 생성물: 연소가스, 불꽃, 열, 연기 (► **암기:** 연불열연, 가불열연)

- 독성가스 부터~
- 아크롤레인: 석유제품, 유지류 탈 때 조금 발생 /맹독성 / 허용농도 0.1ppm
- 포스겐: 폴리염화비닐(PVC)탈 때 조금 발생 / 맹독성 / 0.1ppm, 유태인 학살가스로 사용됨
- 불화수소: 모래, 유리를 부식시킴
- 염화수소: 염화비닐수지(PVC), 전선의 절연재 탈 때 / 부식성 가스(철근 등이 녹이 슮) / 5ppm
► **암기:** 염전부식
- 황화수소: 황(S) 함유 물질의 불완전연소 시 / 달걀썩은 냄새 / 자극성 독성가스임 / 10ppm
► **암기:** 황달심불 (► 인화점 -60도 라는 학설도 있음)
- 시안화수소: 질소성분 탈 때 / 허용농도 10ppm / 헤모그로빈 없이도 0.3% 농도 즉시 사망, 청산가스, 청화수소라고도 함
- 암모니아: 질소함유 물질, 냉동시설 냉매가스 / 독성 25ppm/
- 일산화탄소: 불완전연소 시 발생 무색, 무취, 무미 / 가연성 가스 / 50ppm. 헤모그로빈과 결합
- 이산화탄소: 완전연소 시 발생 / 공기보다 무겁다 / 불연성 / 독성 거의 없다 / 5,000ppm

◑ 열 학습해요~

- 잠열 공부 – 얼음의 융해열 80kcal/kg, 물의 증발열 539kcal/kg,
- 전도: 열기 이동 / 두 물체 끼리 직접 접촉 / 물질 이동없이 열이 고온부 → 저온부 / 열전달은 거리에 반비례 / 열전달은 고체가 기체보다 더 잘됨^^ (▶ **암기:** 기소고대)
- 대류: 압력, 밀도차, 유체 등의 흐름 (• 키워드: 부력) / 서로 온도가 다를 때 매질의 순환운동에 의해 발생(• 매질: 물, 공기, 가스)
- 복사: 최성기 때 화염의 전파 원인이 큼 / 물질 매개(x), 전자기파 형태 / 발화점 도달하면 연소됨 / 플래시오버 때 복사열 많이 방출 / • 관계법칙은 스테판 볼츠만의 법칙 – 열전달면적에 비례하고 절대온도 4승에 비례 (▶ **공식 암기:** 열면비, 절사비)

◑ 불꽃 생략하고 연기쪽입니다.

- 연기 유동속도: 수평 / 수직 / 계단: 0.5~1 / 2~3 / 3~5 (m/sec) ▶ 암기: 0５1) 2335
- 입자크기 등: • 연기(0.01~10미크론) / • 화염전파속도 0.1~10m/sec(폭연속도 0.1~10m/sec) /
  • 분진 1~100미크론(76미크론)
- 굴뚝효과: 수직으로 상승하는 통풍 / 더운 공기 상승, 차가운 공기 하강한다 (그 중간 = 중성대 = 실내와 실외의 압력이 같아지는 지대)
- 감광계수(연기농도): 0.1 – 연기감지기 작동 / 0.3 – 5m 피난 시 지장 / 0.5 – 3m 어둠침침할 때 / 10 – 화재 최성기 때 (▶ **암기:** 영삼오피, 영호세칩)

–––––*

– 제이디훈의 폭발산책

폭발이란? 밀폐된 공간(압력이 차있음) + 연소의 3요소와 폭발범위로 개념정리 하세요

- 폭굉유도거리(DID): 완만한 연소에서 격렬한 폭굉으로 발전하는데 필요한 거리이다
  이물질이 있고 관경이 좁을수록
- **중합폭발:** 염화비닐, 시안화수소, 산화에틸렌. (▶ **암기:** 염씨사내)
- **분해폭발:** 제5류위험물(니셀리), 아세틸렌, 산화에틸렌, 에틸렌 등 산소없이도 폭발이 가능
  (그렇다면 아세틸렌, 산화에틸렌 등은 연소범위 상한계 100%에서 폭발할 수 있다는 뜻임)
- 산화에틸렌(이녀석은 분해폭발도 + 중합폭발도 가능함. 즉 양다리 걸침. 오잉!)
- 폭굉(데토네이션, 초음속) 1,000~3,500m/s 충격파임. 파면에서 불연속적이다
- 폭연(데플러그레이션, 아음속) 0.1~10m/s 연소파형태. 전도, 대류, 복사에 기인하고 난류확산에 영향을 미친다.(* 폭연 이 녀석은 폭발같지 않는 형태임~)
- 백드래프트: 훈소상태 + 산소유입 / 결과: 농연 분출, 폭발됨 / 주로 일산화탄소가 꽉 차있는 감퇴기에 발생한다.(예외로 중기도 가능하다네요~ 오!)

- 백드래프트 용어(나중에 통풍) ~밀폐공간으로 통풍이 분다 통풍(바람)속에 산소가 있으니 산소가 주 원인이다 - 이거 중요함. 즉 주로 감퇴기인 제3단계 밀폐된 곳에 개구부 개방으로 산소유입된 화학적 가스폭발이다 아!
- **용어)** 개구부: 강아지 한마리 다닐 수 있는 작은구멍까지의 개념
(그러나 문틈은 개구멍 아님 ▸ 채통환출 - 채광, 통풍, 환기, 출입구만 개구부에 해당함)
- BLEVE: 물리+화학적폭발이 순간적으로 / LPG 등 과열 탱크 내부 액화가스가 분출→ 기화되어 착화 폭발현상. 10분 걸림, 원인에 따라 물리적 폭발로 분리됨
- 블래비현상 방지대책 (▸ **암기:** 지상열 고물 안경알~)
- 블래비 용어: '끓는 액체 팽창 증기폭발'의 약자로 학습함

-----*

- 제이디훈의 화재산책

- A B C D E K급 화재. ▸ 일류전금가주 / 백황청무황무
- **플래시오버:** 복사열이 주원인, 연료지배형 화재에서→ 환기지배형 화재로 변한다 / 중기에 즉, 최성기 직전 발생하네요. 전실화재(선단화재 아님) • 영향조건: ▸ 화내개 기출됨
- 플래시오버 용어: 바닥에서 불이나서 천장으로 부딪쳐 반사되는 복사열에 의해 더 많은 기체를 발생시키고 전실(실내 전체)이 카메라 프래시 섬광처럼 연소의 가스불이 확! 붙는다는 뜻

◑ 유류물질 이상현상

- 오일오버: 오일의 양 1/2 이하, 유류 외부 분출되고, 탱크도 파열(폭발)
- 보일오버: 장시간, 바닥이라는 단어가 키워드, 불 붙은 채 방출하는 중질유(* 방지: 물비모래)
- 슬롭오버: 유류탱크 내부 유류표면에 100도 이상 고열이 있을 때 수분(포 혹은 물분무)이 들어와 접촉될 때 튀는 현상. 예) 새우 튀김할 때 식용유 등
- 프로스오버: 유류탱크 표면 아래에서 외부로 물질이 넘치는 현상이다. 예로서 도로포장할 때 아스팔트차가 불을 때서 아스팔트 녹일때 넘치는 것 등 단순한 물리적 작용 / 화재 발생 절대 아님(×) (▸ **암기:** 아스팔트하면 프로스오버= 아식스 프로스펙스)
- **훈소:** 화재초기, 훈훈하게 불씨(무염, 작열)연소, 탄화현상 / 연기만 난다 / 분해는 하는데 연쇄반응 안함(x) → 오! 이거 어렵네! / 연기입자 크고 응축의 액체 미립자를 방출(• 플래시오버 진행 가능 / 백드래프트 전 단계)
- 정전기 방지법: 공기 이온화 / 상대습도를 70% 이상 / 전도성 큰 물질 즉, 도체(전도체) 사용
- LPG: 액화석유가스 / 프로판 + 부탄 / 비교해 연소속도 늦다 / 기체는 공기보다 1.5배~2배 무겁다. 그러나 액화시 물보다 2배 가볍다 LNG에 비해 하한계가 낮아(2.1) 폭발이 쉽다
- LNG: 액화천연가스 / 메탄이 주성분 / 연소속도 빠름 / 기체가 액화되어도 공기보다 2배 가볍

다 / −162 ℃에서 액화시켜 수입함

- 화재강도: 화재가 초기, 중기, 최성기로 갈수록 강해진다는 뜻. 단위시간당 축적되는 열의 값 (열의 값 / 단위시간) ▶ **암기:** 배구발표
- 화재가혹도(화재심도): 화재 최성기 때 지속시간에 따라 손상을 입히는 가혹한 정도 / [최고온도 x 지속시간 = 화재가혹도] ▶ **암기:** 최지우 동생 '최지혹'

－－－－－*

- 제이훈의 소화산책

- **질식소화:** 액체를 기준으로 공기 중 산소농도 21% → 15% 이하로 낮춘다.
- **부촉매소화:** 가연물의 수소기 수산기의 자유래디컬의 연쇄반응 진행을 억제, 화학적소화임 표면연소(심부화재): 이녀석은 책에 열분해나 연쇄반응 안한다니 부촉매소화는 불가! (그래도 할론소화약제 / 분말소화약제로 질식소화 등은 가능)
- **물소화가 가능한 유류화재:** 4류위험물→ 분무(무상)주수으로 사용하는 경우는 가능.
- 물의 3상: 봉상(막대), 적상, 무상 / • 물소화효과: 냉질유희
- **포소화약제:** • 화학포는 지금 사용을 안함
- 황산알루미늄(작은병) + 중탄산 나트륨 수용액(큰병) = CO_2 발생
- 기계포소화약제(기계포는 단백계 / 계면활성제계가 있다네요): 저발포: 6~20배 이하 / 고발포 1종: 80~250배 / 고발포 2종: 250~500배 / 고발포 3종: 500~1,000배 미만

◑ 기계포소화약제

(1) 단백포: 동물 뿔, 발톱 / 소화속도 느림 / 보존기간 짧음. 점착성 우수, 단점 많음 싸구려 포

(2) 합성계면활성제포: 가장 먼저개발 / 저발포, 고발포 가능 / 환경해침 / A,B급 화재 사용

(3) 수성막포: 재착화방지 / 소화성능우수 / 표면하주입방식 / 4류위험물 소화약제 포 중에서 가장 우수, '라이트워터'라 함. 분말하고 혼합시 7~8배 성능 상승. 내열성 약하여 열화현상 우려

◑ 가스계 소화약제

(1) **이산화탄소:** 질식, 냉각, 피복, 희석효과가 있음, 동상우려 / 고압필요 / 질식우려 / 4류 등 '인화성 액체' 외 타 위험물은 거의 불가함.

(2) **할론소화약제:** 부촉매, 질식, 냉각소화효과, 우수하나 오존층 파괴로 생산중단

- halon 1040: 사염화탄소라 함. 독성 큼, 그래서 지금 사용 안함.
- 1301: 가장 우수하나 오존층파괴지수도 우수(에궁!), 공기보다 5배 무겁다네요
- 1211: 일반화재 소화가능, 유류, 전기화재도 물론소화 가능
- 2402: 에탄에서 치환됨. 9배 무거움(▶ 영희가 살 안빼고 이사감)

(3) **할로겐화합물 및 불활성기체**

- 불활성가스 사(4)가지 있음- 헬륨, 네온, 아르곤, 질소 중 1가지 이상 첨가됐다는 뜻
- IG-01: 아르곤이 주성분 / • IG-100: 질소가 주성분(질백!) / • IG-541: 질소52 아40 시8
- 할로겐화합물 9가지 있음. 불소, 염소, 취소, 옥소 중에서 1가지 이상 첨가됐다는 뜻.

(4) **분말소화약제:** 부촉매, 질식, 냉각, 복사열차단

입자크기 10~70미크론 [20~25미크론이 최적. ▶ **암기:** 분말이이오]

1종: 탄산수소나트륨(백색) / BC급소화. 비누화작용을 함

2종: 탄산수소칼륨(담자색) / BC급 1종보다 약 2배성능 좋아요

3종: 제1인산암모늄(담홍색) / ABC급 방진소화(숯불방지) 원료는 제1인산암모늄 / 메타인산

4종: 탄산수소칼륨 + 요소(회색) / BC급 소화성능 가장 우수 비싸니 사용 안함.

-----*

- 제이디훈의 소방시설 산책 -

- **소방시설** ▶ **암기:** 소경피활용 (소화설비, 경보설비, 피난설비, 소화활동설비, 소화용수설비
- 경보설비: 종류는 비상경보, 자동화재탐지(속보)설비, 통합감시시설 등이 있음
  (▶ **암기:** 비비자자누가 통단할) (누전차단기 x)
- 피난구조설비: 방열복, 방화복, 공기호흡기, 인공소생기(인명조기구) / 비상조명등 / 유도등
- **소화활동설비:** 연결송수관 / 연결살수 / 연소방지설비 / 무선통신보조 / 제연설비 / 비상콘센트
  ▶ **암기:** 3연 무제비 -
- 소화기구: 수동식 / 자동식 / 간이소화용구(에어로졸식, 투척용, 소화약제 외의 것 모래 등)
- 수동식소화기구: 소형소화기 능력단위 1단위 이상 / 대형소화기 A급화재 10단위, B급화재 20 단위.(• 간이소화용구란? 능력단위 1단위미만 마른모래, 팽창질석, 팽창진주암 등을 말함)
- 보행거리: 대형소화기 보행거리 30m 이내 / 소형소화기 20m 이내
- 소화기: 연면적 33제곱미터, 가스시설, 문화재, 모든 터널 (▶ **암기:** 33가문터) / 설치는 바닥에서 1.5m(어깨) 이하

◑ 옥내소화전 vs 옥외소화전

(1) **옥내소화전설비**

1. 가압송수방식 (고가지압)
   - 고가수조: 가장 안전, 신뢰성 우수, 자연 낙차
   - 압력수조: 동력원이 필요, 1/3 압충공기 + 2/3 물을 채움, 이동가능
   - 펌프방식: 지하수조라고도 함, 가장 많이 사용하는 방식이라고 기출됨
   - 가압수조방식: 동력원 없이 동작, 압축공기 혹은 불연성 고압기체 사용, 고장이 적다

2. 옥상수조: 지하의 유효수량 외 별도로 유효수량의 1/3 이상을 옥상에 저장해야 한다.
3. 펌프 가압송수장치:
   토출측 압력계 / 흡입측 연성계 혹은 진공계 설치 / (• 순환배관 설치 / 성능시험배관 설치)
   - 펌프 이상현상 - 공동현상: 유속급속변화, 와류→ 기포 / 흡입측 큼, 마찰손실 큼, 관경 작음, 속도 큼
   - 수격작용: 펌프 갑자기 정지, 밸브 급 폐쇄, 운동에너지(동압) → 압력에너지(정압)로 변함
   - 맥동현상: 압력, 유량 주기적 변동 / 공동현상 이후 발생 / 펌프 토출유량 변화 현상임

(2) **옥외소화전:** 방수구 수평거리 40m 이내 ↔ 옥내소화전 25m 이내
- 설치기준(옥외소화전함)
- 10개 이하 5m마다 소화전함1개 / • 11~30개 11개 분산배치함 / • 31개 이상 옥외소화전은 3개마다 1개 설치해야함(예: 소화전 60개이면 20개의 함이 필요)

◑ 스프링클러설비
- 헤드는 개방형 - 일제살수식 / 나머지 - 모두 폐쇄형임
- 1차측 배관: All 가압수
- 2차측: 습식- 가압수 / 건식- 압축공기 / 준비작동식- 대기압, 저압공기 / 부압식-부압수 / 일제살수-대기압
- 습식- 알람(체크) 밸브 / 건식- 드라이밸브 / 부압식, 준비작동식- 프리액션밸브 / 일제살수-델류지밸브
- 감지기: 습식, 건식은 없다 / 나머지- 전부 싹다 감지기 있음.
  1. 습식: 알람밸브. 간단 / 리타딩챔버: 오작동방지
  2. 건식: 가속밸브(엑셀러레이터 / 익져스터)
  3. 준비작동식: 슈퍼바이조리판넬 (수동조작가능)
- 헤드 간격: 무대 1.7m / 비내화 2.1m / 내화 2.3m / 락카 2.5m / 아파트 3.2m
  (▸ **암기:** 무비내락아) / • 스프링클러 배관 ▸ 입수교가
  마지막 말단배관 가지배관 헤드는 8개 이하

◑ 자동화재탐지 설비(자탐)
- 감수경 발표 중(• 해설: 감지기, 수신기, 경종, 발신기, 표시등, 중계기)

- 감지기는 ▸ **암기:** 쎈발판이 있다.(센서기능, 발신기능, 판단기능)
- 열감지기: 차동식, 보상식, 정온식.(▸ **암기:** 차보증- 외제차 산다고 차 보증서 달라니 열받는다)
- 연기감지기: 이온화식, 광전식. ▸ **암기:** 이광연 (광연이, 연광이)

기회되면 또 만들어 볼게요~ 이만 총총

- 제이디훈의 휴식코너~

① 수험기간 중 하루에 두끼 먹고 공부하는 법:

아침을 먹을 때 "찹쌀밥" 을 먹는다.

찹쌀은 찰벼를 찧은 쌀로서 질기고 차진 기운인 끈기가 있어서 배고픔이 늦게 온다.

점심을 먹지 않으면 졸리지 않는다. 대신 저녁을 82 먹는다. 그럼 건강에도 좋다.

(* 2끼 먹고 살아도 된다. 어쩌다 약을 먹을 때는 3끼 먹으면 된다. 3끼는 습관이다!)

② 버스에서 책 보는법:

처음에는 멀미가 날 것 같은 어지러움이 조금 있을 수 있다.

처음에 10분간 책보고 머리가 맑지 못하면 중단한다. 그 다음날 15분, 그 다음날 20분, 이렇게 5회 정도를 하면 12시간 이상 책을 봐도 어지러움이 없어진다.

(* 사람에 따라 5회 전후가 된다)

(* 유럽 휴가 때 고속도로에서 약 10시간 정도를 버스에서 수번 책을 보아도 이상이 없다.

부산 ~ 서울까지 KTX를 역방향으로 탄디고 누구나 멀미가 나지 않는다. 그럴 것이라는 착각이다.)

③ 학습시간 늘리는법:

수업이 없는 날 독서실 등에 가서 처음에는 8시간 근로 기준으로 학습하다가 학습은 근로가 아니니 1시간 이상씩 늘려간다.(* 여기서 즐겁지 않아도 분위기에 만족하는 것이 중요하다)

직업이 수험생은 10시간, 11시간, 12시간, 13시간 10~13시간 4가지 중 하니를 선택하여 계획을 잡는다. 14시간 이상을 할 수도 있지만 하게 된다면 피로에 쌓여 다음날 학습시간이 줄어들게 된다.(제이디훈은 직업이 책을 쓰고 강의를 하는 사람이어서 책은 17시간, 강의는 11시간 이상을 할 때가 꽤 있었고 해왔다. 어떤 경우 3~4시간 자고 강의를 해도 즐겁게 하면 피로도와 지침이 줄어든다.)

④ 많이 걸으라는 이유:

사람의 혈관은 111,600km로서 지구 2바퀴 반에 해당된다.

머리카락 1/10에 해당하는 크기의 50억 개의 모세혈관 중 땅(지구)으로 끌어당기는 중력으로 인하여 사람의 발쪽에 30억 개가 존재하고 사람 손쪽에 10억 개가 존재한다. 혈액량은 사람 체중 7%(1kg당 약 70ml)이다. 허파(폐)로부터 공기 중 21% 산소를 마시면서 허파정맥을 통해 왼심실로부터 시작하여 혈액은 모세혈관의 이 얇은 벽을 통해 산소, 영양분, 그리고 폐기물(CO_2)이 교환된다. 우리 세포는 산소를 소비하고 이산화탄소를 생산한다. 결국 혈액이 하는 일은 약 1분 이내에서 온 몸을 한바퀴 돌면서 주로 산소공급을 하는 역할이다. 산소는 운반을 하다가 5%가 이산화탄소 등으로 손실되고 15~16% 만 입으로 나오게 된다.

⑤ 칫솔 3개 사용하는법:

누군가는 세면대 앞 거울에 초록색·파랑색·주황색 칫솔 3개를 붙혀서 사용한다. 칫솔은 젖은 상태에서 마르면서 세균이 있을 수 있는데 번갈아 사용하면 위생에도 좋다. 재벌들도 아마 하나를 사용할건데, “나는 어느 재벌보다 3배나 더 많은 칫솔을 사용한다고” 칫솔질 할 때마다 자신을 만끽하고 재벌에 앞서는 방법으로 결핍을 채우며 살아보기도 한다.

⑥ 30분 전후에 물먹지 말라는 이유:

30분 전후에 물을 먹으면 수용성인 위액이 물과 희석되어 소화 기능을 저해하게 된다. 음식물이 위 속에 들어가면 음식물 속의 어떤 성분이 위샘을 자극하여 위액의 분비를 촉진시킨다. 강산성인 위액 분비는 식사의 종류나 감정 등의 영향을 받는다. 기름끼 음식물은 위액의 분비를 억제하나, 기름끼의 지방의 소화가 어느 정도 진행되면 그 소화산물에 의해 위액 분비가 촉진된다.

식사 후 어느 정도 있다가 과일·차·소량의 알코올은 위액 분비를 촉진하고, 스트레스를 받거나 걱정거리가 있으면 위액 분비가 억제된다. 위액 속의 염산을 위산이라고도 하는데, 위산은 소화작용에 필요한 물질일 뿐만 아니라, 살균작용도 있고 세균이 십이지장으로 가는 것을 막는다. 스트레스가 반복되면 위벽의 점액 분비 상태가 나빠지고 위액이 너무 과다하게 되어 위궤양이 생기고 학습도 안 된다.

⑦ 음식을 적게 먹는 이유:

음식은 골고루 배부름의 70% 정도로 먹되 육식보다 채식이 좋다. 많이 먹으면 영양소가 들어갈 것 같지만 위장 속에서 나오는 위액의 분비가 적어지고 그로 인하여 산소가 적어지고, 소화가 안되면 위장 아래쪽의 괄략근이 열리면서 위로 신트림 등이 역류(오버이트)를 하게되면 매우 독한 위액으로 인한 역류성 식도염 등이 걸릴 수 있고 온몸의 기능이 불완전하게 된다.

학습은 방법이 노력을 앞선다.

감기는 자연 치유가 되는데 우리는 빨리 낫기 위해서 병원에 간다.
시간과 함께 노력하면 이해되는데 빨리 이해하기 위해 방법을 찾고 계획을 세운다.
수석은 어떻게 하는지 모른다!
학습 방법을 찾다가 수석을 하게 되고 수석은 지키는 것이라는 걸 나중에 알게 된다.
사용하는 칫솔모가 가는 것이 좋은지? 굵은 것이 좋은지? 잇몸이 아프지 않을 정도의 조금은 쎈 것이 좋다라는 개념을 찾지않고 아무거나 사용했다. 개념이란? 어떤 사물에 대한 일반적 지식이며 여러 관념 속에서 공통 요소를 뽑아 종합한 하나의 관념이라 할 수 있다.
공식이라는 것이 구구단의 원리와 같다. 9를 9번 계속 더하니 81인데. 9×9=81이다.

■ 합격하는 비결 - 헤리슨 포드

"나는 15년 동안 생활비를 벌지 못했어요!"
배우를 해서 돈을 벌 수 있게 되기까지 얼마나 걸렸냐는 기자의 질문에
헤리슨 포드는 이렇게 대답했다.

60대 중반을 넘어선 지금도 최고의 영화배우로 활동하는 그에게
15년의 무명 배우 시절이 있었던 것이다.

헤리슨 포드가 25세 때
맡은 배역은 대사가 단 한 마디뿐인 호텔 벨보이였다.
게다가 그 대사를 마친 직 후 영화 제작사로부터 "자넨 틀렸어"라는 말까지 들었다.

그 뒤 헤리슨 포드는 힘든 시기를 보내야 했다. 생활이 어려워서 목공 기술을 배우기도 했다.
그 기술로 감독이나 배우들의 가구를 제작하거나 집을 고쳐 주며 가족의 생계를 이어 나갔다.

그러나 배우가 되겠다는 꿈만은 포기하지 않았다.
수없이 오디션에 떨어지면서도 다시 도전하기를 반복하였다.

1977년 마침내 그는
조지 루카스 감독의 영화 스타워즈에 주연으로 발탁되며 무명 배우 시절을 마감했다.
공교롭게도 그는 스타워즈 오디션장에서 무대 작업을 하다가 감독 눈에 띄었다.
목공 일을 하면서도 당당한 모습이 감독에게 높은 점수를 받았던 것이다.

헤리슨 포드는 이렇게 말했다.
"나는 성공에 대해 일찌감치 깨달았습니다.
성공하는 비결은 포기하지 않고 그 일에 끝까지 매달리는 것입니다.
연예계에는 하던 일을 그만두고 다른 일을 찾아 떠난 사람이 많습니다.
하지만 그렇게 떠나지 않는다면 누구나 자신이 타고 온 버스에 마지막까지 남아
종착역에 이르게 됩니다."

MEMO

··· 필자 주요저서 (현, 네이버 통계 : 약 150권) ···

※ 대학교재편 (5개 출판사) -

1. 소방실무 : 부산 경상대학 출판부 (2006년 초판발행)
2. 소방학개론 : 도서출판 기문당(06년 초판~07년 2쇄)
3. 소방학개론 : 출판 신광문화사 (12년 초판~14년 4쇄)
4. 소방전기시설 : 신광문화사 (08년 초판~19년 9쇄)
5. The쉬운 소방학개론(5색 컬러판) : 화수목(22년 7쇄)
6. The쉬운 소방관계법규: 화수목(16년초판~22년 7쇄)
7. 소방관계법규 : 도서출판 동화기술 (05년~21년 18쇄)
8. The쉬운 소방기계시설 : 화수목 (2020년~1쇄 출간)
8. The쉬운 소방전기시설 : 화수목 (2021년~1쇄 출간)

※ 소방설비(산업)기사편 -

1. 소방법규(아인슈타인~) : 기다리출판사(1999년~)
2. 소방법규(消防法規) : 도서출판 동화기술 (1999년)
3. 소방원론(消防原論) : 도서출판 동화기술 (2000년)
4. 소방전기시설의 구조 및 원리: 신광문화사(2003년)
5. 소방관계법규 : 도서출판 동화기술 (05년~21년 18쇄)

※ 소방공무원 승진편 (5개 출판사) -

1. 방호실무 예상문제집 : 도서출판 와이즈고시(2008년)
2. 구조구급실무 예상문제집 : 출판 와이즈고시 (08년)
3. 예방실무 예상문제집 : 도서출판 와이즈고시(2008년)
4. 소방전술 (1)(2)(3):기본서 : 밝은내일출판사(14~15년)
5. 소방법령 (1)(2)(3)(4):기본서 : 밝은내일출판(14~15년)
6. 소방전술 (1)(2.)(3)기출문재집: 밝은내일출판(14~15년)
7. 소방전술 (1))(2.)(3)기본서 : 법학원출판(18년 5쇄출간)
8. 소방법령 (1))(2.)(3))기본서 : 법학원출판(19년 6쇄출간)
9. 소방법령(4) 공무원법 + 4분법 법학원(18년 5쇄출간)
10. 소방전술+법령(1.2.3) 문제집: 헤르메스출판(21년출간)
11. 22년 소방전술이론서(소방교): 캠버스출판(23년2판)
12. 22년 소방전술이론서(장,위 별도): 캠버스(23년2판)
13. 22년 소방전술 객관식문제집(예정): 캠버스(23년2판)
14. 22년 소방전술 핸드북+파이널모고: 캠버스(23년2판)

※ 소방공무원 면접책 및 용어사전 (3개 출판사) -

1. 조동훈면접가이드(상): 화수목(16년 초판~16년 4쇄)
2. 조동훈(개별+집단)면접가이드(중) : 뉴욕출(17년 2쇄)
3. 조동훈(개별+집단)면접가이드(하): 뉴욕출(18년 초판)
4. 조동훈 소방전문용어사전 : 밝은내일출판 (16년 2쇄)
5. 조동훈면접가이드(상) : 뉴욕출(18년 초판~18년 1쇄)

※ 소방공무원 임용편 (5개 출판사) -

1. 소방학개론(1), (2) : 박문각(05년 초판~2008년 12쇄)
2. 조동훈 소방법규 및 개론 : 박문각(07년~08년 5쇄)
3. 조동훈 문제소방학 : 도서출판문각 (06년 초판~2쇄)
4. 조동훈(소방직)문제소방학 : 박문각 (07년 초판~2쇄)
5. 조동훈(특채직)문제소방학 : 도서출판박문각 (2007년)
6. 아인슈타인~소방관계법규 : 월드라인 (08년 1~2쇄)
7. 조동훈 문제소방법규 : 메드라인(07초판~08년 2쇄)
8. 조동훈 소방학(777해설문제): 월드라인 (2008년 출간)
9. 소방직(공개채용)적중집 : 서울고시각출판 (08~12년)
10. 소방직(구조·구급직)적중집 : 서울고시각 (08~12년)
11. 소방직(소방학과)적중집: 서울고시각 (08~12년) 매년
12. 참쉬운소방학개론(1)·(2) : 베리타스(08년~10년 6쇄)
13. 아인슈타인~ 소방관계법규 : 베리타스M (09년 7쇄)
14. 815(개론테스트) : 베리타스M 출판사(2009년 1·2쇄)
15. 625(법규테스트) : 도서출판 베리타스M (09년 출간)
16. 핵심이론 및 총5년기출집 : 베리타스M (10년 총4쇄)
17. 소방법규(5년)총기출집: 베리타스출판사(10초판~2쇄)
18. (공채) 911 : 베리타스M 출판사 (2010년 초판~2쇄)
19. (특채) 쓰리세븐 : 베리타스M 출판사(2010년 1~2쇄)
20. 조동훈소방학: 아름다운새벽 (10년 8쇄~13년 18쇄)
21. 조동훈소방관계법규: 아름다운(10년 8쇄~13년 17쇄)
22. 900선테스트(소방학개론): 아름다운새벽 (11년 출간)
23. 800선테스트(소방법규) : 아름다운(2011년 1쇄~2쇄)
24. 실전모고(공개채용) : 아름다운출판사 (11~13년)발행
25. 실전모고(구조·구급직): 아름다운출판사(2011~13년)
26. 실전모고(소방학과): 아름다운출판(11~13년)매년발행
27. 핵심이론+총8년 소방법규기출집 : (11~13년) 총3쇄)
28. 뉴소방핵심+총7년기출집: 아름다운~ (2012년 총3쇄)
29. 소방법규 516테스트 : 아름다운새벽출판사(12년출간)
30. 소방학 760테스트 : 아름다운새벽출판사(12년1~2쇄)
31. 소방법규 최근총4년기출문제집 : 아름다운(13년 초판)
32. 소방학개론780테스트 : 아름다운새벽출판사(13 출간)
33. 소방법규 620테스트 : 아름다운새벽출판 (13년 출간)
34. 간부후보+중앙특채 법규 : 아름다운출판사(10년출간)
35. 800알파 (소방학개론 테스트) : 밝은내일 (14년 초판)
36. 700알파 (소방법규 테스트) : 밝은내일(14년초판발행)
37. 717기본법 및 2분법-승진(임용)집 : 밝은내일(14 출간)
38. 815소방기출집- 소방학: 밝은내일 출판(2014년 출간)
39. 809 (소방학개론 테스트) : 밝은내일(15년 초판 발행)
40. 709(소방관계법규 테스트) : 밝은내일(15년 초판발행)
41. 소방법령(1·2분법)-승진 겸용 : 밝은내일(15년초판발행)
42. 16년 소방법규 700+ 소방법령 (1.2분법) 밝은내일출간
43. 880단원별 명품(16년개론) : 더에이스출판사(초판출간)
44. 17년 실전모의고사(공채, 특채 각 보직별) : 뉴욕 (16년)
45. 817소방학개론 단원별테스트 : 뉴욕출판사 (17년 출간)
46. 717소방법규 및 소방법령 1·2분법 뉴욕출판사(2017년)
47. 818개론(단원별) 718 법규 / 소방법령1·2법 (2018 출간)
48. 공채·경채 각 과목 실전집 : 뉴욕출판사 (2018년 출간)
49. 819개론(단원별), 719(단원별)법규, 소방법령1·2법(19출간)
50. 20년 소방학 각종 도서 6종: 런던출판사(2019년 1쇄)
51. 21년 조동훈 소방학개론(상하) 기본서 : 티앤에스(20년)
52. 21년 The쉬운 조동훈 소방관계법규: 박문각 (21년1쇄)
53. 22년 소방학개론 총18년기출집: 티앤에스출판(22년7월)
54. 22년 The쉬운소방학개론(5색컬러) : 화수목출판(22년)
55. 23년 소방학서브노트(핸드북): 화수목출판사(23 초판)
56. 23년 The쉬운 조동훈소방관계법규: 화수목(23년대비)
57. 23년 소방면접가이드 기출문제 출간예정 (23년 예정)

※ 법개정: 본 필자의 도서는 항상 인쇄 들어가기 직전까지, 변경된 법을 현 시에 흐름에 맞게 수정하여 출간이 됩니다.

조동훈

- 공무원(매거진, 신문 등) 매주출제 중
- 한국소방 대학연구소 수석 책임교수
- 소방학, 소방관계법규 평균적중률 95%
- 소방학 강의경력 국내최고(약30)경력
- 인터넷투표 및 검색, 소방학 국내1위
- 다집필 저자(조선 정약용 다음)교재
- 전, 부산 경상대학 소방안전학과교수
- 전, EBS 소방학개론 / 소방법규강좌

◉ 동영상(인강) 사이트(조동훈스파르타 소방사관 촬영)
- www. jodh.co.kr : 소방학개론/소방관계법규 등

◉ 필자 카페 사이트 (오답, 오타, 질문)
- 카페명 : 완전정복소방학교 119
- 카페주소 : http://cafe.daum.net/goto119
- 홈피주소 : jodh.co.kr
- 필자메일 : jodh119@hanmail.net(직접 질문)

◉ 소방학 출강(직강) 사이트~
- 서울 박문각학원
- 부산 조동훈(소방전문)사관
- 부산 캠버스(소방공무원 승진)
- 전국 시험전 특강(문풀)출강사이트 – 서울, 부산, 대전 등

The 쉬운
소방학 서브노트(23~24년 대비) 정가 15,000원

저자 : 전국소방대학연구소(조동훈)

발행인 : 임정대
발행처 : 도서출판 **화수목**

인쇄 : 2023년 1월 5일
발행 : 2023년 1월 12일

등록 : 제2014-000166호

주소 : 서울시 마포구 신촌로 2길 5-15
전화 : 02-338-9119
팩스 : 02-335-2201

ISBN : 979-11-89933-30-2 (93530)
